老人的再现

高龄生活意识再建构的实践研究

潘丽雯◎著

南开大学出版社　天津社会科学院出版社

图书在版编目（ＣＩＰ）数据

老人的再现：高龄生活意识再建构的实践研究 / 潘
丽雯著. -- 天津：南开大学出版社：天津社会科学院
出版社，2022.12
  ISBN 978-7-310-06412-0

Ⅰ．①老… Ⅱ．①潘… Ⅲ．①老年人－生活－研究
Ⅳ．①TS976.34

中国国家版本馆CIP数据核字(2023)第013169号

老人的再现：高龄生活意识再建构的实践研究
LAOREN DE ZAIXIAN：GAOLING SHENGHUO YISHI ZAIJIANGOU DE SHIJIAN YANJIU

南閈大学出版社
天津社会科学院出版社　出版发行

出版人：陈　敬

地址：天津市南开区卫津路94号　邮政编码：300071
营销部电话：(022)23508339　营销部传真：(022)23508542
https://nkup.nankai.edu.cn

天津午阳印刷股份有限公司印刷　全国各地新华书店经销
2022年12月第1版　2022年12月第1次印刷
787毫米×1092毫米　16开本　16.25印张　265千字
定价：68.00元

如遇图书印装质量问题，请与本社营销部联系调换，电话（022）23508339

序　言

　　自 1879 年冯特建立第一个实验心理学实验室后,与实验心理学相关的研究引领心理学学术研究多年,心理学自此开枝散叶成为显学,并发展出多种不同的流派与研究取向。后续由于社会科学典范的转移与多元典范的兴起,社会科学研究者将质性研究的元素纳入,转向以思索、反省、批判与挑战,来归纳、建构知识的意义与价值,这种与实验心理学大相径庭的"质性取向"的心理学,也慢慢受到研究者的青睐。之后在这股心理学反思的潮流下,以文化为研究取向、号称"第三心理学"的文化心理学开始萌芽,社会科学典范再度慢慢发生转移,改以文化与社会的观点或现象,探讨文化、社会和人之间的关系及其相互影响。

　　随着全世界老年人口的增多,各种老化现象层出不穷,且有"问题化"的趋势,但"变老"本身并不是问题的根源,如何安排余生一直都比"变老"本身更引起家庭、社会、政策的关注。而老人对于其老年生活的选择,多有其独特的看法,甚至于是独特的坚持。那么为何会有这些独特呢? 是其人生历练与体验所造成的吗? 如果是,那么应该会形成"这类老人是怎样""那类老人是怎样"的类别性。但是事实上,老人却是非常个别的,故其背后当有特殊的因素,我将其称为"生活意识"。而本研究只是个开端,接着生活意识的建构,来说明生活意识的存在与影响,并在此唤起老人的自我认识,从而摆脱社会对老人的刻板印象所形成的框架。如此将有助于实现老有所终、老有所用的社会,增加创造第三人生的可能性。

　　本书以老人意义为研究起点,思考老人的社会形象与老化现象,探讨社会与文化如何形塑老人及对想象中老年生活概念的影响,最后再藉由观点转换,由文化心理学视角,强调老人的主体性。本研究采用叙事法、社会建构论与论述分析,鼓励高龄者别妄自菲薄,要以己所能、重新掌握生命、赢回自己的人生、体验属于自己、建构能够适当使力的高龄生活,进而营造适切而可能的高龄生涯,保有老人的权利与尽老人能尽之责。

潘丽雯

2023 年 10 月 17 日

目　　录

第一章 绪 论

第一节 研究背景

现代医学的进步使人类寿命得以延长,但随着平均年龄的增加也产生了人口结构改变的问题,并衍生了后续的社会问题:也就是不同年龄层面的人如何互动、如何相互理解的问题。故今天要谈的人口老化问题,已不再只是老年人专属的问题,而是处于不同年龄层的人均需关注的问题。

在现代化社会中,高龄化所带来的"老化"议题在常见的文献中总是被归纳为健康、居住、经济、社会适应以及休闲五方面。而现今大量探讨老年问题的报告,虽大多由专家学者提出,但实际执行却仅着重于医学或福利政策等的改进或探讨,专注的焦点多半集中于"老化",甚少关心老年问题形成的原因背景与相关文化脉络的对策建议,是否真正符合老年人的需求与感受,尚需时间来验证。这样的研究报告,却对老年人的实际生活,或让不同年龄层的人对老年生活产生了相当程度的误解。

美国行为心理学派老将 B. F. Skinner 曾在 1982 年 8 月美国心理协会的年会上,以其 79 岁的高龄现身说法表示"我们并不想以科学方式研究老年,只想采取步骤享受老年"(Skinner, 1990),一语道尽了现在社会研究与处理老人问题的迷思。现今对于"老化"的研究与报告大部分仍只专注在所谓的"科学"处

1

理上,这样的做法助长了社会长期以来对"老人"意义不断的偏颇建构,以致加深了所有人对"老化"意象的刻板化,因此也就只能依据研究结果推论"老化"可能产生的问题或对社会的影响。这是由结果反推,并未真正探究其中的原因,因此"老化"问题仍旧停留在医疗化、问题化、片面化与物化的阶段,忽略了老人的自我意识。

若要改变转换老人的处境,扭转不同年龄层对老年的刻板印象,真正落实"适切的高龄生涯""成功的老年""创造的老年"或是"老有所终的老年",那么对于"老年"的意义,就需要有新的建构。相对地,对于一些具有歧视意义的文字及其背后所蕴涵的消极观点,也值得我们投入关注并加以解构,以期从根本之处来面对真实的"老年"意义,并实落符合老人的需求,而非只是陷入片面的老化意识形态泥淖之中。

第二节　研究动机与目的

1910 年,美国纽约 Dr. I. L. Nascher 依据人类生物特征和医疗需求首度提出生命周期的概念,这是将老年学导入医学学科的前身,自此"老年"与"医学"结下不解之缘。而自 20 世纪 40 年代起,老年学(gerontology)这个议题方兴未艾,至今婴儿潮时期诞生的这一代人也步入老年,趋势明显。但是就研究观点而言,何以探讨老年问题需以"学"称之?以"学"称之无非是希望以科学化方式,快速得到老化的生理、心理与社会过程的解答或取得一致性的结果。在这样的想法引导下,"老年"不仅得到政府部门的重视,在教育界,老年学研究所、老年医学会也相继成立;在民间出现了大量养生村、养老院;在学术界则有不同领域的专家学者陆续投入,这都说明了"老人"这一大族群的"商机"在未来是无限的,也显示原有关于老人的议题,已由边缘位置跃升成为主流

（Loree，2003）。但这样大阵仗的投入带来的结果是什么？老人真正得到幸福了吗？

　　依据研究者观察，在一些地方一般提到老年，几乎就是等同于"老化"的代名词，而且通常是不好的刻板印象。这些刻板印象包括生理上的衰老、退化、健忘、疾病、行动不便、个人生活无法自理等；心理反应上的固执、依赖、保守、难以沟通、孤单、生活单调、不愿意出门、活在过去、反反复复等，这些印象非但帮不上忙，却是将老年研究更加的"问题化"（邱天助，2002）。依据这些说法，如果真正去检视所有现今相关老年的议题，能有多少经得起检视？又有多少老年形象经得起考验？还有多少是真正老年人所需要的或者是高龄者自我表达的？因此处于现代化高度发展的社会与生活水平明显改善的环境下，对于适合老年的意义与老人形象，实有重新探究的必要。

　　除此，在研究者先前对老人的实际研究经验中发现，在生活环境的认知上，老人对于周遭环境之质量要求普遍不多。故若调查老人之生活需求，通常会得到"还可以""还好""不习惯还是得习惯"等相当保留的负面说法，在此话语下透露出退而求其次的无奈之情。另外对词语"满意"一词的概念与认知，也表现出与其他年龄层不同之处，其内涵包括满足的标准降低和对于本身状况不得已的认命。由此可见，对于老人而言，"满意"的相对意义是大于理想意义，通常只能代表目前老人个人身体状况的消极描述，而不是达成理想生活的可能想象。所以就老人本身而言，吃住无忧就"应该"要满意，至于实质生活上是否满意，研究者发现由于老人已历经人生各种阶段且希望避免造成子女负担，故其在说法上常会以较含蓄的方式表达，因此较易产生合理化的回答，而对于其内心真正之情绪与想法，研究者推测有可能因怕引起他者不良反应或其他负面印象，而常常避而不谈。有些老人到了老年阶段只能转而借助宗教的力量，以转移内心的空虚及不满，或以此来维持心灵上的平衡及得到陪伴的需求。据研究者的观察发现，大部分老人虽都被身体机能的退化与病痛困扰，但对于老年愿景大多基于其现实生活状况的回答，不敢怀抱梦想,故深觉老而无用,对生活抱持着消极的态度,不敢有任何奢望。基于上述情况,老人因种种不恰当的社会观念,导致其晚年生活需独自面对内心及外在环境的高度压力。

社会已发生改变,观念也必须跟着转变。人口结构的高龄化已是全世界不争的事实。为应对高龄化社会可能引发的需求,有关部门应当出台"老人福利与政策",应以经济安全、健康维护与生活照顾为工作主轴,并辅以老人保护、心理及社会适应、教育及休闲,同时成立老人福利推动小组,以推动相关高龄化社会老人的福利与政策。应全球人口高龄化趋势,联合国将 1999 年定为国际老人年(International Year of Older Persons),在原本只着重在生理健康维护的观点的基础上,结合各界力量,扩及社交、文化及精神层面,使高龄生活维持在更好状态(Sidorenko,1999)以创造不分年龄、人人共享的社会。

综上所述,各研究者对于高龄化社会均着墨颇深,也都是立意良善,但事实上,研究者却发现社会上各个不同年龄层间,仍然存在相当多对高龄族群的刻板印象与偏见。因此,联合国于 1992 年特别制定了《老龄问题宣言》,提醒世界各国注意未来人口老化的问题,并希望通过社会各界(包括政府机关与非政府组织、学院、私人企业),在相关活动上的合作,以共同创造一个"不分年龄,人人共享的社会",并减少对老人的歧视,以此确保老人的需求得以适当满足,同时联合国宣布 1999 年为国际老人年,此种特别宣言足以印证社会中老人被歧视之严重及老人被忽略之程度。这些特别的举措正好说明之前仅将重心放在医疗及社会福利制度已不符合现代高龄社会所需,也表示高龄社会除了生理健康,更重要的是心理健康,但心理健康不仅仅关乎老人本身,老人所处环境的影响、老人与老人的互动、老人与社会的互动、还包括老人与不同年龄层之间的互动,这些互动都会使社会对老人意义的认知范围产生震荡。而且其中很多是由外在解读而造成的偏见,进而影响高龄者身心。因此,对于高龄的意义与生活形象,实有必要重新探讨。

有鉴于此,本研究拟从文化心理学的角度出发,探讨外在环境对高龄生活的影响,从而防止外在社会对高龄者的偏见,正视高龄者之内心真实,为高龄找寻适合的定位,找寻生命一致的连贯性,重新定义高龄心理形态,并重新建构高龄生活的意识,希望"老人"正视自己生命意义的累积,将"老年"视为人生重新开始的另一个阶段,将"老化"视为老年学的一环,"老化"是生命中不可抗拒的力量,其目的是希望高龄者能有"赢回自己"的意识,跳出长期以来社会制定的框架,不再被外在预设的可怕后果恫吓,同时对于非思考性的反应不再害怕,信赖自己多样、丰盛、复杂的情感,不再躲在老人表面形象的背后;使老年生活充满自信,能够适当支配自己的生活,成为我可能成为的"自己",要"做自己",要对自己真实,要与长期以来对老年意义不恰当的建构,至少能进行对抗或重构,使老年不再是一个他者规划的样板,而是跟其他年龄一样,是个具有弹性的阶段,体验属于自己能够适当使力的高龄生涯。

第三节　既有理论的突破

老化议题虽在西方研究已久,但因未考量不同区域文化与民族特性,完全照搬导致当地老人深受其害。为了厘清现今一些地方老人被污名化的原因,本研究整理出有关高龄与老化现象在目前最常见的研究角度,以文化心理学的观点与研究方法,追本溯源,尝试为老人找出老年期个人生活意识的价值,并验证"老有可为"的老年。本研究应用相关理论与欲突破的观点如下:

1. 追本溯源,探求文化与意义上的老人定位。

2. 了解实证主义定义老化的理论,厘清老化刻板印象的由来。

3. 从现有制度的角度切入,找出对高龄与老年的影响。

4.疏离与和谐:

(1)从文化心理学中的人文关怀与社会建构的观点,重新为高龄找寻适切的定位。

(2)找寻生命一致的连贯性,或对生命意义的某种反思理解,定义高龄心理形态,重新建构高龄生活意识与高龄意义。

第二章　老人意义的再探

　　提到老年,通常得到的意象是什么?是白发苍苍、满脸皱纹?是和蔼可亲?还是行动不便?抑或是生活在养老院?还是一无是处?根据邱天助(2002)针对不同年龄层,以开放性问题、立意抽样的方式得到的研究结果,在498位不同年龄层的受访者中,对于老人的年龄以"60岁"界定老人最多(133人,占比26.7%),其次为法定年龄"65岁"(108人,占比21.7%),除此尚有8.4%、8%、1.2%的人,认为应该视心理、生理、社会情况而定。另外邱天助(2002)在以年龄层的分析中也发现,在65岁老人的调查中,以60岁与65岁界定老人的比例最高,占比27.4%,其次是70岁,占比14.5%。显示处于不同年龄层的族群,甚至已是法定年龄的老人,自身对于"老"的区隔莫衷一是,由此可知影响"老"的观念并非是单一因素,在此调查中"法定年龄"代表的仅仅只是生理年龄的象征,而且不同年龄层认定与感受的标准不一,无法代表一个涵括完整的老年期生活或老年人的个体意义,因此有必要对于老人及其相关意义再重新进行探讨。

第一节　老人与年龄的关系

　　依据世界卫生组织(简称WHO)定义:65岁以上为老人。在我国《老年人权益保障法》第2条规定老人的年龄起点标准是60周岁,不论是60岁或65岁,都是从"时序老化"(Pheillips et. al. ,2010),即从衰老的角度与时间的观点定义老人,而事实也证明由于个体自身的差异,年龄很难成为生理老化的测量依据。因此对老人而言,代表年龄的数字,只是具有象征意义而非具有一致性的实质意义,但是在这样约定成俗的观念下,带给老人不全是正面效益,这方面可由越来越多的老人逐渐成为无声族群得到例证。

在老年期"老人"或"年龄"究竟应该代表什么意义? 依据 Pheillips(2010)等人的说法应该要包括"时序老化(chronological aging)""生物老化(biological agine)""心理老化(psychological aging)"和"社会老化(social aging)"四个层面。在 Riley(1972)年龄阶层理论中也直接表明同年代出生的人,虽然具有相似的生理特征与社会化经历(王世俊等人,2008),但同时也强调个体年龄、人格、与社会化体系之间的丰富的多样化关系(Riley, 1994)。故而在英文中"老化(aging)"一词除了说明生理功能的退化,另外也包含"成熟"的概念。在《论语·为政篇》中孔子曾说:"吾十有五而志于学,三十而立,四十而不惑,五十而知天命,六十而耳顺,七十而从心所欲,不逾矩。"(朱熹,1990),显示"成熟"指的是人类生理、心理上的完全发育状态,再加上与社会环境的交互影响,然后形成老人个体所独有的生命意义。另外,社会学家 Pilcher(1995)也指出年龄就像阶级、族群、性别一样,是一种明显的社会类属(social category),会实质影响并形塑人的生活内涵和形式。因此,若单单以生理年龄来衡量"老人"是不合适的,年龄的象征意义无法说明或代表老人,但是有趣的是"年龄"却会影响别人也会影响自己如何看待自己。

因此应该如何看待"老人"与"年龄"的关系?

1.接受自己,跳出年龄的框架,从"服老""无老"展开"无龄社会"。超越年龄的限制,保有生命力与自我生活意识。

2.理解现实,消除年龄歧视,破除外界不同年龄层人士对老人的负面印象。

3.适应老年,年龄其实只是一个数字,老人本身应该关注自我与提升生活品质。

4.开创第三人生,忽略年龄的压力,有意识地选择快乐,看到高龄生活新希望。

第二节　中国传统的老人意义

在中国典籍里的老人意义,非仅关乎年龄,而是一种身份的象征。例如《礼记·曲礼篇》:"五十曰艾,服官政。六十曰耆,指使。七十曰老,而传。八十九十曰耄。"《礼记·曲礼篇》:"上老老而民兴孝,上长长而民兴弟。"《礼记·乡饮酒义篇》:"乡饮酒之礼,六十者坐,五十者立侍,以听其政,所以尊长也。六十者三豆,七十者四豆,八十者五豆,九十者六豆,所以明养老也。"《荀子·修身篇》:"老老而壮者归焉。"《诗经·大雅荡篇》:"虽无老成人,尚有典型。"《论语·公冶长篇》:"老者安之,朋友信之,少者怀之。"《孟子·梁惠王篇》:"五亩之宅,树之以桑,五十者可以衣帛;鸡豚狗彘之畜,无失其时,七十者可以食肉矣。"上述文字代表在中国传统社会里,"老人"是必须以礼尊之、以礼待之,"老人"表明的不仅仅是年龄或礼制的分层,更是具体维护稳定家庭与社会秩序的构成要素。另外《论语·里仁篇》里提及"父母在,不远游""三年不改父之道""父母之年,不可不知也"。《孟子·梁惠王篇》:"老吾老以及人之老""老者衣帛食肉"说明尊老、重老向来是我中华文化的传统美德,在古籍里也不乏相关描述,显示在中国传统家庭里老人地位的崇高。另外,《史记·留侯世家》的《圯上敬履》,讲述张良偶遇黄石老人,最后终成大业,留名青史,此位老人便是智慧的象征。

综合上述,可知在我国"老"的含义广泛,非单指年龄大而已(《论语·季氏篇》),还有告老、致士(《左传》),暮气、衰老(《左传》),或称他人父母(《周礼·地官》),等等。说明在传统中国里,"老"代表的是一种智慧的象征、是生活经验圆融的体现、是成熟的表示、是老成有名望的代称、是博学、是老练有锋芒，且大多是具有尊敬的含义，故在传统中国的老人意义是丰富多样的，而且具有各种发展的可能性，是故孔子自述："……其为人也，发愤忘食，乐以忘忧，不知老之将至云尔。"（《论语·述而篇》）以现代的说法解释就是"老有可为"。"老有可为"的典型在中国历朝历代比比皆是，"老有可为"说明的也就是即使到了老年期，老人仍具有各种不同发展的可能性，而不是人生的末端或暮气沉沉。

第三节　西方观点下的老人

自联合国世界卫生组织（简称 WHO）将人类年龄划分出阶段后，依据人口的发展趋势，全世界人口不断的往高龄化迈进，且有越来越快的现象。WHO（2023）指出：在 2020 年，60 岁以上总人口数已超过 5 岁以下的儿童总人数；在 2020 年至 2050 年期间，60 岁以上人口将从 12% 快速增长至 22%。以此速度发展，预期至 2050 年，将有 80% 的老人来自中、低收入国家，这样的预测，影响的将不只是个别国家经济、卫生，而是全世界都会受到不同程度的冲击，因此有关人口老龄化的现象是大家都必须正视的，所以 WHO 据此提出呼吁"老龄化是全世界国家都面临的重要挑战，必须确保各个国家的卫生和社会系统，已经为应对人口结构的这一转变做好充分准备。"这短短的几句话，显示人口老龄化的增长速度之快已超出想象，而且是已经到了刻不容缓的时间点了，但是由于老龄化议题长期受到西方文化、社会、学术所影响，因此我们有必要再回顾、再检视西方观点对老人与老龄化现象的影响。

一、生物性的观点

自科学革命后,"科学"的重要性与日俱增,影响层面遍及人类生活的方方面面,在人类老化的观念上,尤其占有举足轻重的地位。"老化(biological aging)"是老年期最显著的特征之一,是生理上一种不可逆的发展过程。在20世纪的观念里,老年几乎等同于老化,老化等同于罹病或失能,老人成为老化的典型代表,所以大部分关于老人的研究,很长一段时间都聚焦在与健康相关的议题上。生理学、生物学引领了老年研究很长一段时间,至今在探讨老人议题上,仍是处于主流位置。后续 Rowe & Kahn(1987)扩大老化的概念,提出"正常老化(usual aging or normal aging)""病态老化(pathological aging)"和"成功老化(successful aging)",再加上 WHO(2002)倡导"积极老化(active aging)",此种跨领域的思考模式,跳出传统老化窠臼,不受传统观点局限,促使老人研究风气丕变,老人学开始朝向正面思考,尤其"成功老化"吸引了不同国家众多学者竞相关注,开启了另一波老人研究新潮流。时至今日,虽然"成功老化"已历时多年,但是仍未有显著的成果,研究范畴仍未脱离"老化",只是由关注生理性老化转而探讨健康老化,同时也将老人照护纳入,但本质上仍未脱离"老化"的思想体系。

二、心理性的观点

心理性老化与生理性老化息息相关。老人由于生理退化之故,常常容易产生心理退却,尤其行动不便的老人更加明显,主要因为心理性老化常常是伴随着生理性老化产生,甚至是生理性老化的结果。个体生理性老化很容易察觉,但是心理属于内在层面,心理性老化往往更不容易发现。邱天助在2002年的一项针对498位不同年龄层的受访者的研究中,归纳出心理性老化可初步视为记忆力衰退、跟不上时代、心灵没成长、需要依照心态而定,在整体比例中约占12.4%,说明不同人对于心理性老化有不同的看法。

一般而言,身心相互影响,但在心理性老化中,通常是指个体对老化的心理感受与自我感觉到老的心理表现。个体何时会感觉到"自己老了",在现代的研究中尚无确切的时间点,大多数是由"事件"触发所产生,例如在一些地区很多人并未意识到自己老了,或是我已经65岁了,而是某天突然收到"老人年金"领取的通知,才恍然大悟"我老了""原来我已经65岁了",美国心理学家Whitbourne(1999)称此种现象为"threshold(中文翻译为临界点或阈值)"。在此情形下,通常意识到因法定年龄"老了"以后,伴随而来的是自我认同、调适过程与行为改变,借此承认"自己老了",甚至有可能造成生理改变,因此生理性老化和心理性老化彼此互为因果,没有孰先孰后的问题,影响两者的还是"老化"的因素。

三、社会性的观点

《孟子·滕文公篇》:"一人之身而百工所为备。"在日常生活中一切所需所用,需众人协力供应,一人之力无法全面应付,在此前提下,人类成为群居动物,无法离群索居,故自个体出生后,从与母亲的互动开始到生命的结束,生命历程中间的社会化,究其一辈子都在进行中。但是何谓"社会性老化"?社会性老化通常指的是社会角色发生改变时,伴随社会角色的不同而有的权利、义务与规范的转变,简单地来说就是个人的行为模式与社会互动的关系。在现代社会中每个人的社会角色时常因社会事件而发生转变,但不是都会发生社会性老化现象。在不同年龄层中,社会性老化常见发生在老年人身上,最典型的社会事件就是退休导致的社会性老化。一般退休后,常规的生活模式被打破,刚开始通常会很享受时间变多,但如果没有好好安排生活或做好退休准备,渐渐地会产生自己被社会忽视,被家庭孤立,与人群隔离的社会性死亡感受(Patterson,

1982)。此时就如同生理性老化一样,发生了社会性老化现象,不同的是社会性老化主要体现在自我与他人亲密度减低、缺乏同侪支持等社会性人际关系上。于是当老人从众多的社会角色只剩下单一的"退休老人"时,此时就容易产生忧郁等负面情绪或想法,因此在西方早期研究中,社会支持在老年期比起其他年龄层更为重要(Kaplan, Cassel & Gore, 1977; Lin, Simeone, Ensel & Kuo, 1979),而投入老人相关研究也以社会学的论述最多。

第四节 东西方的观点异同小结

东西方的异同体现在生活的方方面面,大到国家民族文化,小到日常食衣住行皆有所不同。以"老人"而言,在传统中国文化中,老人地位是崇高的,是尊贵的象征,是社会秩序的重要维护者与稳定者。而在西方的观点下,"老人"成为次文化群体,再也不是社会或家庭重心,因此西方国家据此制定各种社会福利制度来照顾或保障老人,老人成为国家的"事"。单就对老人与老年期的看法而言,东西方已呈现巨大的观点异同,因此纵使西方老年学研究多年,也无法放诸四海皆准,在老年议题上,如果不考虑异同性就全面移植西方观点,将是不适合也行不通。

另外就老人与年龄的关系探究,"年龄"是社会共同建构出的产物,基本上还是时间和生理老化的观点,所以强调年龄、人格与社会的多样化关系,但在《庄子·养生主》中说道:"吾生也有涯,而知也无涯。"说明人类生命有结束的一天,但是生活却是可以丰富到老。即使不可否认在现代社会老年期最受关注的仍是健康与经济相关议题,但是并非所有的老人都有相同的老化想法,而在东西方观点的异同下,正好说明老年意义对个体的独特性,老年期不能被断章取义,老人不能被片面或齐头式对待,必须尊重个别老人及其发展的可能性。

第三章　观点的转换

意义是零碎或散布在整个象指(sign)锁链之中,它是无法轻易被敲定,绝对不是充分现存于某个单一象指,而是呈现与缺如同时不断闪烁的状态。

(Derrida,2004)

诚如 Derrida(2004)所言,意义如同生命故事,具有连续性与发展历程。因此到了老年期,"老人"这个词的意义对老人而言是复杂的,且包含多种情绪。主要是因为在这个时期,老人同时面临生理、心理、社会的多重退却。故而在老年期除了以外在环境支持老人,老人个人生活意识在此时也愈显重要,需开始重视老人个体,并视其为能够独立决策的个体,也要求老人在接受资源时,能够自助或回馈,希望在无形中活化老人的行动力,达到积极老化的效果,以达到或创造适切的自我高龄生活意识。于是不同角度的"老龄化"萌芽,"健康老化""成功老化""积极老化"等,刺激并促使重新思考适切的老年期。

在相关正向老化观点被提出后,吸引最多关注的是"成功老化"。"成功老化"即为适切的高龄生活意识,早于 20 世纪 60 年代即已被提出。到了 20 世纪 80 年代才确立健康老化(healthy aging)、有效的老化(effective aging)和强健的老化(robust aging)为成功老化的定位(蔡咏琪,2006)。之后针对老化所产生的现象,Rowe and Kahn 于 1999 年接受麦克阿瑟研究基金会(The John D. & Catherine T. MacArthur Foundation)赞助为期八年的研究计划,归纳出常见的六项"老化的迷思"。此六项迷思为"老即是病(To be old is to be sick.)""老狗变不出新把戏(You cannot teach an old dog new trick.)""离开生活岗位的下岗人

(The horse is out of the barn.)""力不从心地生活(The lights may be on, but the voltage is low.)""连自己都撑不住自己的体重(The elderly don't pull their own weight.)""成功老化的秘密是要选对父母(The secret to successful aging is to choose your parents wisely.)"。此六项迷思,点出长期主导的常见的老化议题,基本上仍着重在生理的老化与高龄生活的经济支持。本研究系以高龄人口为研究对象,并不是要铺陈"成功老化"的秘密,也不是要全面破除老化的迷思,主要目的是在反思目前老年意义的不适切性以及齐一化看待的结果,借此以重新探讨适切而可能的高龄生涯。故本章企图达成观点转换,以既存印象为起点,依序来检视有关实证主义片面定义的老化现象和心理学对于高龄的诠释,说明制度层面造成的生活角度对高龄的影响等现象。依此脉络作全盘检视,汇整相关研究后,尝试将名词重新界定,形成本研究之立论基础,并发展出文化心理学的视界,重新形塑高龄生活意识。

第一节　老化现象的探讨

依据联合国对高龄人口的定义,将老年人之生理年龄定义为65岁以上。传统老年的界定仍是以生理年龄为主,故一般提到"老年生涯"总是以规划65岁以后的人生观点为起点。依据生涯规划的要点,理想中的老年生涯应该具有计划性、按照步骤地走到终点,所以每个人的老年生涯计划应该包括经济安全、医疗保健、休闲与家庭生活、心理和社会适应(叶俊郎,1994;张伟贤,2004;林丽惠,2006)。这是现今社会各阶层对于老年生涯的概念,也可以说是老年社会的理想蓝图。这样的蓝图包括范围很广,但实际检视,则发现大都流于口号却无实际执行的步骤,甚至这样的框架反而成为限制老人发展个体意识的帮凶,这些可由生理性与社会性的老化研究得到佐证。

一、生理性老化

老人学专家 Neugarten 最早将老人分成"年轻的老人（young－old）"和"年老的老人（old－old）"二类，这是以生理年龄来划分（吴宜蓉，2008）。"老年人"一词系基于人类有机体的老化现象而来（张俊一，2008），由医学观点讨论老化，时间是一个重要的元素，关注的视野通常是病史、年龄与性别，这代表的是生理机能与发生疾病之间的关系，意味着年龄是某疾病发生的主因。一般而言，人体组织器官发生退行性变化的过程谓之老化，其中生理性老化与病理性变化并存。医学性的老化概念通常会提到四个前提及五个理论，分别为 1976 年 Hall 曾提出普遍性（universality）、内质性（intrinsicality）、渐进性（progressiveness）与有害性（deleteriousness）为老化现象的四个前提（陈佳禧，2004）与用久必损理论、自体免疫理论、交互连结论、自由期理论、细胞老化理论五个理论（空中大学生活科学系，1999）；叶莉莉于 1998 年将老化复杂过程的理论归结为基因理论、随机偏误理论、从循环至非循环细胞模式、自体免疫理论与磨损理论，这些只是说明生理老化的原因与机转，注重对身体耗损的意义，对于老化真正的意涵并未真正触及。就生理而言，不论四个前提或五个理论，老化过程是随着自然年龄的增长而进展，故一般可分成生长发育期（出生至 19 岁）、成熟期（20—39 岁）、衰老前期（40—59 岁）及衰老期（60 岁开始）四个时期，衰老期最明显的特征是出现生理老化的现象。

1976 年美国巴尔的摩市立医院研究报告指出，若以 30 岁为基线，假设其生理剩余能力为 100%，则 75 岁之老人其生理剩余能力表现，明显无法达到 100%（Thorson，1999）。另外 Fries（1980）的"罹病压缩"理论（Compression of morbidity theory）对老化有另一种诠释，他认为在人类的寿命年数固定的情况下，生活形态的改变可以让慢性病的发生延后，此论点强调慢性疾病虽无法根除但却可以推迟发生，因此可与疾病共存并于衰老期维持良好的生活质量，此点说明生理老化受制于自然发展的结果。相较于生理老化的有限性，生命的意义却可以有限创造无限。就人类生命进程而言,生理性老化虽然是生命历程中的异域,但年轻的生命却很难加以揣摩或体会,其中的因素错综复杂,影响层面包括遗传、营养、环境、心理、社会以及经验等内、外在因素交互作用的结果。研究者也难以否认生理机能的退化是绝对的,但也不得不承认,科技高速发展至今,被注重的老年问题仍是以健康为首,以减缓老化、延长寿命议题为主,此点可由全世界林立的生物科技产业及医疗设备的研发得到验证——生理性老化在现代社会仍是老年生活的主流议题。

二、社会性老化

李宗派(2004)指出,1961 年前,老人的社会角色研究,大多着重在社会适应、老人个性与社会要求,而当人老了无法适应社会即代表社会角色出现了问题、失去了功能。一般社会性老化涉及的范畴仍以老人的角色设定与相关行为模式为主。大多数人认为年老力衰之后,其所能从事之活动与该遵守的规范应与其他年龄层不同,例如现代化理论认为社会科技进步,促使老人从职场退休后生活角色发生倒转,使老人生活经验与智慧之有效性明显降低(Cowgil & Holmes,1972;李宗派 2004)。因此造成错误认知,普遍认为老人应该要在家安养天年、含饴弄孙,此种观念即为传统社会性老化的典型代表,甚至影响到了现代的年轻人。有别于其他社会老化理论,当这一理论被提出后,老人社会性老化的相关讨论转向,改为多在探讨老人社会角色,自此社会角色理论以其实用性引领老人议题并影响之后的老人相关研究。

另外社会学在研究老人的议题方面,社会撤退理论(Cumming & Henry,1961)与社会活动理论(Havighurst,1968)也是很受到瞩目的领域。这二种理论都是将时间视为一个身份转变与从事不同活动的重要转折点。社会撤退理论说明老人应该从过去角色撤离,减少对外在事物的热衷程度,以适应老年生活。而社会活动理论则相反,认为老人应该积极参与社会活动,不应因为身心状况变化而有所改变。在老年期常见的社会性撤退包括从社会性活动的引退,例如工作、婚姻、社会角色、家庭等与生活向度紧紧相扣的层面。在个人方面常见的转变为退休、离婚、丧偶、与友疏离、让权等。除此之外,角色转变、社交圈缩小、沟通能力减弱……因为人际互动的萎缩与社会功能的退化,影响老人外出意愿、老人情绪起伏变大、老人现实感变差,而引起忧郁、沮丧等影响健康的负面情绪,也影响高龄者社会参与的意愿,导致老年人容易从社会活动中退缩。长此以往造成一般人大多只注意到负面老化,将老人视为无生产能力的社会负担,忽视其特有的正面价值与其珍贵之社会经验,将人与人之间的社会关系特质与社会连结,以一刀两断式的切割法,达到社会控制个体意识的目的,但此一分为二的方式,却对高龄者造成不可磨灭的伤害并对高龄产生意义上的误解,也令其他年龄层对老人期的生活产生刻板印象与恐惧感。

三、总结

老化是生理发展一种自然发展的过程,并不是只发生在晚年(McGuire et. al., 2004),是个体自出生即开始面对身体、心理、社会的变化现象。现今研究老化的理论受到医学与社会学的影响很大。生理功能的老化为大自然无法改变的法则,扣除身体的衰退,进入生理老化阶段,老人必须面对尚有社会角色的转变与自我心理层面的问题,从社会学与心理学的观点,即为社会性的老化与心理性的老化。无论生理性老化或社会性老化,这是在经济议题之外目前针对老年最常见也最受到关注的议题,谈到的都是负面印象、都是灰暗、晦涩的老年。即使是老年生涯的探讨,据研究者观察到的老人现象,最后仍可能成为"高龄者的乌托邦",与其成为乌托邦,不如扭转印象,在不完美的结论中重新界定、认识高龄,重新探看高龄的内在与意义,并修正对高龄所产生不必要的害怕与误解。生理性老化虽为生命必然结局,但社会性老化却有可能产生许多结果,例如社会活动理论和社会持续理论的出现就代表对传统社会学的反思。

　　"人类"是自然界中一种最具思想能力的物种,依我们卓越的思考能力,针对老化问题的研究与调整,是大有可为的,但若只将眼光放在负面的议题上,久而久之、以讹传讹,忽略生活经验与生命智慧所塑造的生命意义及其产生的生活意识,这是令人深感遗憾与可惜的事。事实上,在生命结束之前,我们是有机会可以跳出年龄的限制另有一番作为的;而当生命结束之后,我们精彩的高龄生活与留存的生活意识,将会超越形体存在。生命有限,生命意义无限。故此不应只将问题聚焦于没有希望的议题,而这样生活中负面的议题,即是成为造成老化刻板印象的来源之一。

第二节　对高龄心理的诠释

　　有异于从功能性探讨老化,早期心理学大多从人格角度探讨老人相关议题,后续受精神分析影响,从不同角度触及老化议题,为高龄研究露出另一道曙光,并为老年研究提供了一种不同以往的视野。在心理学有关老人研究所提到老年期的心理发展理论以 Erikson,Peck 和 Jung 三人的研究最具代表性。

一、Erikson 的心理社会发展理论

　　Erikson 的最大贡献也最广为人知的就是他所提出的心理社会发展理论。心理社会发展理论主要结合精神分析(性心理)、心理学(人格部分)与社会心理学三部分。后来 Erikson(1997)将其研究结果发表在他的名著《Erikson 老年研究报告:人生八大阶段》中,该书指出人格发展与社会互动有明显的关系,而且不同年龄期有不同的发展信任危机及产生的结果,见表3－2－1。

表 3 - 2 - 1　Erikson 的心理社会发展理论

阶段	发展挑战 (或危机)	重要 社会环境	任务 能力	发展结果
婴儿期	取得信任感和满足安全感的需求	母亲	希望	基本信任 VS. 不信任
成年期	个体发展成熟并提携后进	工作场所和 家庭	关怀	生产繁衍 VS. 颓废迟滞
成年前期	重视承诺并与他者形成亲密关系	伙伴	爱	亲密 VS. 孤立
青少年期	认清自我、发展自我目标及个体 意义	同侪	忠诚	自我肯定 VS. 角色混淆
学龄期	学习技能,培养勤奋意识	学校	能力	勤勉 VS. 自卑
学前期	自我主动发展、探索,对新事物充 满好奇心	家庭	目标	主动 VS. 罪恶感
幼儿期	培养自我控制力和意志力	父母	意志	自主 VS. 羞愧与怀疑
老年期	回顾生命历程,承认现在的自己并 接纳自我	气味相投者	智慧	自我统整 VS. 绝望

注:整理自周怜利译(2000)《Erikson 老年研究报告》。

依据表 3 - 2 - 1 老年期面对的是"自我统整与绝望"的挑战。此时个体所面对的是自我成长的需求及个体与社会的互动,希望从社会环境中得到满足,却又同时受到社会的限制,在取得需求与受到限制对抗的同时,自我调适过程中产生的心理变化,即为 Erikson 所言之老年发展危机(development crisis)。面对危机产生的结果即为个体自我统整或个体自我绝望。自我统整与绝望是两个极端相反的心理力量,却同时出现在老年期并不时地拉扯着个体。依 Erikson 的说法,人生是由不同的阶段组成,每个阶段均有不同的冲突与难关,个体的发展成熟,是在与社会环境不断的互动过程中发觉意义而达到生命完整,不是因社会限制单方面的自我调整,或刻意忽略自我意识以符合社会限制或社会观感。故而此时需发挥智慧的力量,同时面对老年期"现在的我(第八阶段)"和"以前的我(第一至七阶段)",如图3-2-1所示,完整回顾生命历程,接受一切完美或不完美的人或事,以避免因无法改变或补偿过去而产生痛苦,导致趋向悲观绝望的老年期。

　　Erikson(1997)所谓完成老年阶段的任务,是"统整"与"绝望"两种相对人格与发展挑战之间的关系。代表的是一种心灵的整合,是包括对生命意义与死亡意义的接受,心灵整合的来源为智能的显现,高龄者需依赖智慧以体现过去的生命经验,同时将过去融入现在的生活,接受并满意现在的我,以达成老年期的任务。在统整的过程中,同时也隐含着接受现在的"我"与各方面皆大不如从前的"我"。所谓的"接受",意即将高龄个体所有生命历程与生命意义串联成为完整的高龄个体,体现智慧的效能,发展生活意识,并以此为工具应对老年期所有的挑战与挫折,避免统合失败造成绝望的老年期(Rita, L. A., Richard, C. A., & Edward, E. S., 2002)。

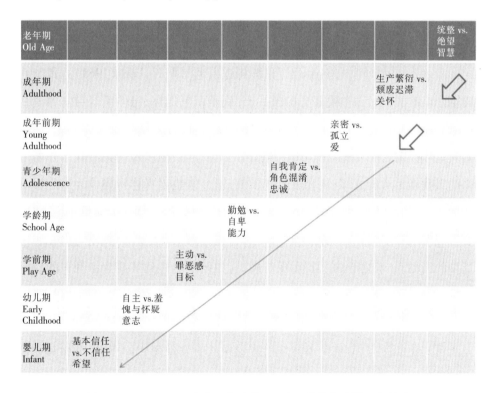

图3-2-1　Erikson人生八大阶段心理发展挑战与所需任务能力

二、Peck 的老年发展危机与任务理论

Peck(1968)提出:老年阶段的心理发展模式认为,在老年期有三大危机与发展任务必须面对,见表 3 – 2 – 2 所列。

表 3 – 2 – 2　Peck 的老年阶段发展危机与任务

老年阶段	危机	任务
职场退休	需重新认识、定义自己	发展自我认同和扩展生活
身体衰退	过度关心生理衰退,引发绝望感受	转移注意力,发展愉悦和谐的人际关系
人的死亡	面对他人的死亡与自身被死亡威胁	跳脱狭隘的生理死亡,构建丰富的自我生命意义

由表 3 – 2 – 2 可知,在生命历程即将进入老年期时,Peck(1968)主张于此时期个体需面临三种主要任务的挑战,分别是职场退休、身体衰退与人的死亡(朱侃如译,2017)。Peck 指出在进入老年前期时,若个体是以工作界定自我,则其老年前期的职场退休任务主要在于从日常生活中,找寻可以替代工作所带来的自我满足与价值,以顺利进入老年期;若个体是以身体机能作为界定快乐或健康,则其面临身体衰退时期,需接受自中年开始的生物性功能退化,要能接受自我现状,此时需减少关注外在,转而将注意力聚焦于人际关系与内在心理层面的活动,寻求内心的自我实现与满足,如此才能达到实践生活经验的目标而减少挫折感。最后 Peck 提到老年期的第三危机为人的死亡,老年期最艰巨的任务是接受朋友生命的消逝与死亡对自身的迫近。个体需认识到"死亡"这是无可避免的命运,但自身却能坦然接受并从中发现死亡的意义,进而到达自我满足与完成生命的成就。如此依序完成三个老年期的任务,才能达到生命意义与生命历程的圆满,以有限的生命创造无限的自我价值。

三、Jung 的自我意识理论

Jung 以生命"个体化旅程"的视角来探讨在老年期面临的困境。他主张在老年期更应该运用思考、直觉、感觉、情感四种机能(图 3 - 2 - 2)了解自我意识的运作状态,努力发展自我(储昭华、王世鹏译,2011),勇敢面对踏上生命旅程的最后阶段,并进化成为更完整的自己,以让自我意识(或自性"Self",此处"S"大写用以区别 Freud 的"自我—self")获得更宽广发展(朱侃如,2017),借此消除老年期的种种不适。在此自我意识发展观点下,Jung 认为人的心理机能(或称心理意识)不论在哪个时期都同时拥有外在世界导向的外向性(extraversion)与内在心理主观世界导向的内向性(introversion)两种态度,此二者之一在个体生命旅程中,在不同时期将产生不同程度的作用,并成为人格的主宰并影响人的行为与意识(龚卓君,1999)。故而在 Jung 的心理类型理论(Duane, S., & Sydney, E. S., 2004)中,人格态度在年轻时,生命曲线向上攀升,再加上年轻时身强体壮,故较具开放性格,其外向性态度强,重视他者与外在世界,但老年时,因气血衰退转为内向性强,以重视自身的内在世界及寻找思索生命的意义为主。依照 Jung 心理发展历程,个体由外在性态度转向内在性态度,此种转变大都发生于个体步入中年时(大约 50 岁左右)。此时间点因生理功能退化及人生曲线开始向下,个体表现在个体化过程中的自我调节系统将导致人格发生转变(或可谓之中年危机),此一转变若调节不佳,发生的变化可能是老人的个性、行为喜好甚至问题行为出现,故此一关键性的转变顺利与否,对老年期的身心调和及老年期的生活产生深远的影响。

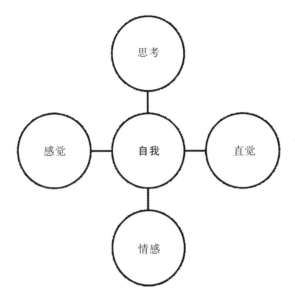

图 3 - 2 - 2　Jung"自我"与"意识"关系图

四、总结

不论是 Erikson，Peck 或 Jung,他们均强调进入高龄期生活时,需适应生理变化,调和心理发展,使个体存于一种内、外在身心调和的状态,才能从容面对高龄期。除以上心理学三位大学者之外从人格的角度 S. Reichard, F. Livson 和 P. G. Peterson 三位学者,在 1962 年也以深度晤谈和心理测验的方式,累积三年的时间,追踪 87 位志愿加入研究的老人。分析研究结果,依据人格分类,提出老年五种类型:摇椅型(Rocking chair type)、防卫型(Armored type)、愤世嫉俗型(Angry type)、自怨自艾型(Self - Haters type)及成熟型(Mature type)(蔡文辉,2003)。值得注意的是,上述之分类多呈现出老人的负面形象,而此种以分类观点所做的研究,亦为现代老人研究之大宗,而每一种类型都会产生定义或意义,不管是反映当时社会对老人的认知,或是影响未来社会对老人的认知,都说明社会对老人负面形象的注重程度远远大于老人的正面形象。此种不合理的现象,由今日社会对待老人的形式及研究的热门议题,可大胆地推断,目前我们的社会仍只着重在老人的负面形象,却忽略关注最重要的成熟型的老人具有的正面意义。

以发展心理学的观点,就高龄者本身而言,内在心理层面自我意识的发展,足以左右外在行为的表现,并影响外在事件发生时对于内在心理的冲击。综合上述,我们可以发现不论是 Erikson,Peck 及 Jung 有关调适老年期心理的方法,或者 Reichard,Livson & Peterson 三位学者的老年五种人格类型,研究结果均倾向于个体需以自身之生命历程与圆融智慧的心理内在,统合应对外在事物的变化,以此减少高龄期的挫折感与不适感。同时改善外在老年形象,希冀以老人个体内在心理层面的和谐,来调控外在行为的表现与减缓外在事件发生时对于内在心理的冲击,使其顺利适应高龄生活,如此才有可能赢回高龄者的自我生活意识。在众多心理学者的研究观点中,为高龄期的意义发声,也成为当前刻不容缓的课题或思考方向。

第三节 制度面造成的老化现象

有关外在社会环境造成的老化现象,在 20 世纪初期,因时代及科技的进步,强调人的功用,故老年的意义被局限在是否有益处与有效率的观点(Hareven,1978)。除了功能性的观点,老年学早期受社会学影响很大,包括已过时的法律及为了解决问题与特殊需求所成立的机构。另外尚有为了福利和社会控制所形成的旧观念,在潜移默化之中,不恰当的老年印象已根深蒂固地深植于人心而不易撼动。应对人口高龄化,在政策上常是见树不见林,上下部门各司其职,事权不统一。在经济上仍延续功能性观点,将老人视为不事生产的族群,没有生产力。而在管理部门统计资料也常可发现公布的数据常为人口老化指数、老年人口依赖比,等等。根据上述现象,皆可发现制度面对老人议题的不友善、不用心与简单化,以各种不同的方式,直接或间接地将老人特殊化、弱势化、单一化地视为社会负担。而对于社会大众,也仅仅告知将来老了会有什么问题,使其他不同年龄层的人对于未知的老年产生恐惧,而不是提出适切的解决方案。有鉴于此,在全世界老龄化议题高涨的现状下,从人口经济学、医疗及社会福利政策探讨制度面所造成的不适切的老化意(印)象。

一、人口经济学

依据相关研究报告,推估 2010 年至 2060 年我国 65 岁以上老年人口占总人口比率持续上升,未来将由 2010 年的 10.7%,至 2060 年将增加为41.6%。其中,80 岁以上高龄人口占老年人口比率,将由 2010 年的 24.4%,至 2060 年大幅上升为 44.0%。2017 年老年人口占总人口比率将超过 14%,成为老化指数高龄社会。2025 年此比率将超过 20%,成为超高龄社会。老化指数在 2010 年为68.4%,意即社会中老年人口与幼年人口之比例约为 1∶1.5,至 2015 年老化指数将接近 100%。之后,老年人口数将超过幼年人口数。至 2060 年,老化指数将高达 441.8%,即老年人口约为幼年人口之 4 倍。扶养比 2010 年为35.9%,5 年后下滑至 34.4% 最低点,之后开始上升,至 2060 年增加为104.3%。若仅观察老年人口对青壮年人口之扶养负担,则 2010 年约每 6.9 个青壮年人口扶养 1 位老年人口,至 2060 年将降为每 1.2 个青壮年人口扶养 1 位老年人口。

联合国曾在 2002 年针对高龄期提出"发展高龄世界(development for an ageing world)""增进健康与幸福安宁(advancing health and well-being into old age)"及"确保与支持的环境(ensuring enabling and supportive environments)"

三项要求。目的是希望借由更广泛的生命过程发展观点及更宽广的社会视野来看待老年的问题,以确保高龄者之安全、尊严与享有国民应有的权利。但从有关机构发布的老年人口占总人口比率、高龄化进程、老化指数及扶养比等数据显示,人口结构老化常与国家竞争力减退、社福支出提高与财政负荷加重产生联结。上述话语不断告诉其他人,老年人口增多将是未来社会的沉重负担,并让人感觉到,老人是社会问题的来源之一,暗示着高龄者乃问题的制造者,而我们在无形中也接受了这个观念。2002 年联合国提出的高龄社会要求,却正好说明从人口经济学探讨老化问题的失当以及对高龄者的伤害。

二、医疗体制

高龄者因生理机能退化,故而随着年龄增长相对地需要较多的医疗照护(Andersen et. al , 1973、Kronenfeld,1978),因此也会使用较多医疗服务(Haug,1981)。全民医保,对老人的医疗保健工作涵盖了中老年的健康促进与维护、老年人的预防保健工作、老年人的医疗服务与长期照护服务。依据相关统计,65岁以上老年人口的平均医疗费用较高,约为一般人医疗费用的 3.2 倍。有鉴于此,管理当局预估面对未来人口老化将使公费医疗收入减少,整体医疗费用将随老年人口成长而逐渐上升,造成财务困顿之窘境,故未来年代将背负因人口负增长及老龄化社会所带来的庞大健康照护及医疗费用压力,因此极力呼吁人口老化所带来的冲击,已是刻不容缓。老人也曾年轻,也曾身强体健而不近医药,暂不论高龄者年轻时所缴纳的医疗保险费曾帮助过多少人,仅就其所缴费用,支付其老年所需,也应属理所当然。若就社会安全与社会正义的观点,年轻时的付出换取年老时得到国家的照顾,也是应得的。或许呼吁的立意是良善,但如此的着墨,却加深了高龄者成为医疗主要耗费者的负面印象。

毋庸置疑，老年族群是医疗资源的主要使用者（江哲超，2003），从另一个角度思考，也就是说老年人其实也是医疗系统主要的经济收入来源。就消费理论而言，老人的要求对高龄医疗相关院所的医疗设备更新、医疗人员提升是有促进作用的，也促进了相关产业的发展。但就实际状况而言，论及老人医疗时，往往会以某一个年龄界定服务，如60岁或65岁等。但是以年龄作界限的方法是不适当的，老人医学（Geriatrics）是医学内科的分支，成立的目的主要是专注于老人的健康照护，其内容包括预防医学和健康教育，部分亦包含治疗年长成人的疾病。临床上虽有老人医学门诊或高龄门诊，不过就医病关系而言，实际上病者是否交由专职老人医学的医师诊治，是由病者决定，而不是病者的年龄。高龄者医疗制度也不应由支出费用来突显问题，整体社会对于老人照顾与医疗之需求，卫生行政主管机关应及早规划，重视老年疾病问题，而非仅仅将"生理机能老化"的问题让高龄者承担，而高龄者却只能无言地接受此项指责。这种种问题根源，却只因生理老化是不可逆的生命自然现象。

三、社会福利政策

高龄化社会对目前全世界国家而言，已是一个不容忽视的问题，因此，发达国家相当重视老年生活的安排。就我国而言，提升老人福利政策是一件非常重要且迫在眉睫的事。从《老人福利与政策》（2007）一文中，我们发现将高龄者边缘化的问题点在于：

第一，文中不断的出现"补助"。"补助"一词意味着管理部门仅站在辅助的立场，并不主导老人福利政策。然而可议的是既然强调是福利，是否应是管理部门应当为之，也是管理部门应为之事。

第二，文中也不断出现"鼓励"一词。"鼓励"的意义在于事后奖赏，并不具任何"主动执行"的含义。定位不清，则导致各自为政，权责难分，如此很难建立完整体系。

另外综观前论,老人福利与政策之整个蓝图,确实还有待进一步完善,而且许多矛盾还有待解决。老人仍是属于弱势族群中的弱势,这确实值得我们再多深入地研究与投入更多的关注。

四、总结

总结上文所述关于制度层面造成的老化现象,长期下来,在重要经济、政策、医疗的"指导"下,老人习惯成为无声的族群,弱势中的弱势。在这黯淡的漫长的等待时间中,社会学中冲突观点(conflict perspective)的出现曾为高龄期带来一丝曙光。冲突观点理论者认为影响老年期的因素众多,社会结构是绝不可忽视的一环。他们认为老人是社会结构下的受害者,如劳动市场的届龄退休机制,是促成老人社会角色退出的动力来源,非单一来自个人,很多来自于制度。制度将人"齐一化",而忽略个体的异质性,间接说明了很多的社会制度与规范,老人充其量不过是无言的接受者,而非出其本意。

另外,社会所谓的"进步",为老人带来的不一定是好的结果。传统社会中长者代表的是"宝",家有一老如有一宝;"老"是一种尊称,"老"代表的是智慧,传统农业社会长者受到尊敬。然而"进步"到现代,生活上的便利,降低了老人经验与智慧的发挥空间,虽促使高龄者的食、衣、住、行改善,但相对的,老人各方面缓慢的能力,却被认为是跟不上时代进步的"阻力",甚至成为"拖累",成为凡事要求快速的社会变迁下被牺牲的一群体。因此,社会固然可说是进步了,生活是改善了,但整体而言,老人始终不是受益者,甚至有每况愈下的趋势。虽然仍存于变迁之后的社会结构中,但老人的社会价值实则大不如前(Schaefer,2002)。

第四节　关键概念的重新界定

"意义"的形成是透过人类社会或历史过程所共享。

（V. E Frankl, 1969）

随着时代的转变，与"老"相关的各种语言学上的意义不断的与时俱进。现今称呼高年龄者为"老年人""老人"或其他与"老"连结的词语，在现代社会中，这是一种尊称？是某种形式上的标签？还是代表某种对高龄者的歧视？

首先，研究者发现，目前对老年生涯概念有过度美化高龄愿景的倾向。现今社会各阶层均存在老年人口，不是所有高龄者都是衣食无忧或无病无痛，也不是居于较高的身份地位，即可忽略高龄的事实，或是代表他的高龄生涯是成功的。同样，即使身心有所缺陷，也并不代表他们的高龄生涯是悲惨的抑或失利的。在如此不一致的状况与结果下，为何现在老人甘心臣服于社会所赋予的既定形象？是典型化？安全感？一致化？抑或与年轻不同就代表的是一种危险？

另外，大多数人通过照看家里的长者、媒体的倡导、政府的论述等多方渠道，对于"高龄"已在日积月累、潜移默化中建立既定形象，对于高龄期早已具备充分知识可以理解。但研究者发现不知为何，大多数人仍是偏好以所谓"科学"的模式来对待长者与研究高龄议题。何谓科学？科学是研究方法的标准操作模式，科学知识即为其研究结果。很多学科可以依照模式重复操作以求得一致性，但在人类社会，若以科学方式对待，即为社会控制。社会控制的目的为用以操弄他人，掌控社会评断。这样的结果，导致个人主体性的丧失，出现的是惩罚的"社会化"(宋文里,1989)。长此以往每个人想成为自己,却又怕成为自己,所以以社会化的形象表现,可以避免自己成为争论的对象,进而达成保护自己的目的,于是久而久之刻板的老年意象在长时间的信息接收下就根深蒂固了。

事实上"人"都被一股强大的压力逼着去表现"组织人"或"社会人"的特征,脱离了原先"应该是"的自我形象。因此个体要先接受本来的自己,才能发生变化,才能创造自己与外在世界的真实(Rogers,1999)。别人的评价,不应该影响自己的判断。想成为具有生活意识的自己,要能意识"自己"的存在与需求,不必担心因不符合社会形象而被贴标签,才有可能成为自己。Paul Tillich(1984)曾提及要研究有关健康意义的议题,需从各方面探讨。同理,现今对于老人的研究,大多数仅关注于生命的延长。生命的长短,不代表生命的全部意义,生命意义包含自我认同和自我改变二个重要元素。生命的不同时期,常常面对冲突的选择,选择是为保护自我,而自我改变,则是为了达到自我认同。适切的高龄生涯,需同时保有自我认同与接受自我改变,以使生命历程更清晰及克服外在与自我限制。再从"全人"的角度研究,人可细分成身体、灵魂与精神三个区块。自笛卡儿后医学高度发展的结果,倾向将人视为具高度功能性的个体。此时身体仅为生命意义的有机体而忽略了灵魂,灵魂包含社会历史结构中的精神、文化、道德和宗教(Paul Tillich,1984),代表的是建立未来"美丽新世界"的愿景。精神的意义在所有与高龄生涯相关的议题中,是最复杂的却也是最具关键性的,此一面向包括了生活的基本要素、人际关系的互动、社会文化的影响、个体的自我实现及所有所谓规范的"正当性"与"正常性"的思考。再从历史的观点探究,人类无法离群索居,各年龄层的意象,长期以来由历史演化所标示,很多人到了某一年龄阶段,均为不自觉地让自己符合历史所建构的形象以免招人非议,却也因此忽略了自我。

综合上述,本研究尝试跨越传统老年生涯的概念,重构高龄者自我的生活意识,跳脱以往的观念,思考适切而可能的高龄生涯对个体的意义,不再将所有"老人"视为一个同构型的群体,以重构高龄者的自我生活意识,因此研究者将关于高龄的关键名词进行梳理,重新界定如下:

第一,"老人"即为个体生命意义与经验的累积。

第二,"老年期"可以是人生另一阶段新生活的重新开始,而不是等待生命的结束。

第三,"老化"仅是老年学的一环,老年学也不应只注重生理性老化衍生的问题。

第四,"适切的高龄生涯"为个人须重新建构能够适当使力的、具有弹性的、属于自己的老年的生活意识,如同建构一个新舞台、新人生,真实面对自己的高龄生涯。

第五节　由文化心理学重新定义适切的高龄生涯

学习老化,是一个漫长、复杂又痛苦的经验。

(T. K. Hareven, 1978)

长期以来对于老化议题,由于人口高龄化之故,有关其讨论愈来愈热烈,但最终莫如一是,无法达成共识,故仍如多头马车般各说各话。本节首先探讨文化心理学的观点,其次讨论历来有关积极老化与成功老化的正向议题,最终根据这些文献结合文化心理学,重新找出适切的高龄生活意识。

一、文化心理学(culture psychology)的研究观点

Vygotsky(1986)提出,21 世纪 10 年代,不论欧洲或美洲,社会心理学的加入,导致"社会"一词正逐渐取代"文化"的含义(Valsiner,2012)。但是事实上,"文化"和"社会"是二个不同的概念。文化和社会彼此相互影响,文化形塑社会,社会形塑文化,两者的差异在于文化是一种社会的共同现象,是同一个地区的人长期共同创造、形成具有多重意义的思想产物。且由于文化的多向性,导致文化本身的界限是模糊的,表现出有时是开放的,有时是封闭的特点,Valsiner(2012)将文化此种双重意义的特点,形容成具有既是容器(图 A)也是工具(图B)的特殊现象(图 3 - 5 - 1)。因此在文化氛围下,个体有时必须调整自我适应文化(如图 A),有时却必须打破藩篱探讨意义(如图 B)。所以个体身在所处的

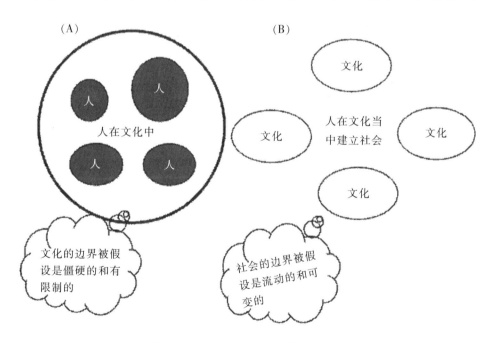

图 3 - 5 - 1 文化在心理学的双重意义

注:引自 Valsiner, Jaan (2012.)《The Oxford Handbook of Culture and Psychology》

社会环境肯定会受到文化的影响,同时也在这样的共同脉络下塑造文化。由此可知,"社会"无法取代"文化"的含义,社会心理学和文化心理学最大的不同,就是文化心理学主要在于对文化传统和社会实践的调节(Shweder,1991),强调文化和思想的构成是一体两面不可分割,并研究在特定文化的社会实践中,如何以不同方式塑造个体的认知过程、文化如何反映、塑造、影响个体的心理(Heine,2011),借此理解文化如何塑造个体心理认知的过程(Markus & Kitaya-ma,2003)。

由此可知,根据文化心理学的要义,文化心理学的突破点在于理解群体感受如何导致渴望的行动与价值观;文化心理学强调现象胜于科学的数据,并以此探讨行为背后的因果,检视人类现象如何与日常生活脉络交织。文化在心理学扮演的角色如同基因,能从底层抓住探讨人类生活的复杂性,以理解文化如何塑造个体心理认知的过程,而非狭隘地聚焦在行为的研究。在此观点下回溯社会中的老人,在普遍的印象中,老人理所当然是白发,理所当然地不可理喻、固执、难以沟通、保守、没有安全感,理所当然的不事生产、行动缓慢,理所当然的应在家带孩子,理所当然的应成为家庭的附庸,理所当然的不应该有太多意见……很多匪夷所思的"理所当然"加诸在高龄者身上,并被视为正常现象,却在无声无息中成为年轻人意识到的老年生活,并在不知不觉中变成次文化族群内的正常老人的形象。个体由年轻到老无意识地接收对于老人的印象,因此进入高龄期,就闭塞了自我发展的可能性,成为当然的"正常现象"。而这样的"正常现象",也让社会"理所当然"地只能把焦点聚集于负面形象。长期下来,形成阻碍高龄者发展的高墙,并压缩了高龄者发展的空间,使得高龄者为避免被他人特殊看待与批评而裹足不前,但这些"理所当然"的印象,在文化心理学的观点下,是社会文化的不正常发展。

余德慧(1996)从现象学的观点,主张文化的心理学应把文化"放到括号里",以防止将文化客体化,把对课题"面相"的了解,转化为"理解"或"知"的过程。就人文社会科学研究而言,片段式的研究结果,长期以来已产生很多偏见,同时也限制住研究者的视野（Much，1995）。尤其个体主义的研究取向，倾向将个体身处之社会文化背景视为无关的因素，企图加以控制或置于关注的视野之外，此种脱离社会生活圈得到的研究结果，导致如今老人议题出现矛盾、害怕或冲突对立的关系，无法消除心理现象的社会植根性。为了修正此种不正常的现象，文化心理学者建议研究取向不应由假说出发，强调个体心理是一种渐进式的历程（Much，1995），而非由少数实验样本的结果可决定，是个体与社会和象征文化的交互作用（Kakar，1982）。Nancy Much（1995）同时指出此种交互作用具有三个层面：个体，分别是具有明显的生物特色与生命经验的历史；其次是社会，更精确的说，是个体独特的生命结构；最后是个体的文化感知系统，三者会彼此相互渗透影响和制定个体。不可否认，社会文化具有强大格式化群体的力量，但个体潜能却能区分出"独立个体"（LeVine，1984，Levy，1984），Shweder和Sullivan（1993）将此称之为"错综复杂固有的再创新设计（the refashioning of inherited complexity）"（Much，1995）。

在文化的脉络下，以文化心理学的观点研究高龄者，在于关注环境有机体和能动性，强调置身性与交互主体性，其间包括个体、所处社会结构及作为群体象征意义的文化三者。故以文化心理学的观点来探讨关于高龄者之人、己、身份、认同、关系等范畴，可理解何以需要在个人与社会、历史、文化之间明确其辩证关系（温明丽，2003），即了解置身于此所发生的意义。总而言之，就是个体在与他者互动、重复文化与社会的意义所构成的个体生命经验，在社会文化结构中寻求个体之生命历程、意义与发展。故若以生理退化的观点言及"老"的意象，象征的仅是一个生物体生命周期衰弱的过程，这是一个自然界无法避免的法则。如果再加上文化心理学"人"的意涵，那么生物性的特质仍维持不变，但"老人"一词的含义，则大大摆脱单一生物性意义的局限，此一观点符合文化心理学关注之重点，故以此观点研究，实为较完整的探讨。

二、现有正向老化意义的概述

(一)积极老化(active aging)

2006 年 9 月,澳大利亚堪培拉大学(Terese Hutchison, Paul Morrison & Katja Mikhailovich, 2006)曾对积极老化的定义,从其演进历史,以文献回顾的方式,整理出一份研究报告。文中依据国家或组织的不同,整理出不同的积极老化定义资料与相关实施方针。简述如下:

1. WHO(2002)提出积极老化定义专指"伴随着老化的过程,在健康与安全的前提下,从文化、性别、经济条件、健康和社会服务、社会环境、个体意识增进生活质量";2003 年再纳入社会梯度、压力、早期生活、社会排斥、失业、社会支持、食物与运输等层面。

2. 经济合作与发展组织(The Organisation for Economic Co-operation and Development, OECD)将积极老化定义为"随着年龄增长,可引导人们将能力,为社会与经济贡献生产力"。

3. 欧洲联盟(European Union, EU)将积极老化定义为"一个连续性的策略,让高龄者在高龄社会中具有各种的可能性"。

4. 2001 年新西兰提出积极老化策略(The New Zealand Positive Aging Strategy),主要在政策和需求上,提供广泛的服务,同时建立可以正向发展和积极老化的社会,以提高高龄者的价值与贡献高龄者的能力。

5. 2002 年在西班牙马德里瓦伦西亚(Valencia)论坛,以基因工程为基础,提出生物分子的观点,企图改变生活型式与工作,达到正向老化的目标(Gary Andrews, 2002)。

6. 2003 年加拿大 The Public Health Agency of Canada (PHAC),遵循 WHO 的精神,跨部门的合作,公布《全面支持与推动积极老化指南》,有计划地推动高龄者之教育、住家安全、交通运输、劳力生产、社会与法律与健康。

7. 瑞典应用 WHO 的社会决定因素,跨越所有年龄层,结合社会、经济与环境因素对健康的影响,2003 年 4 月公布瑞典公共卫生政策,文中特别强调为消弭差异,故基于性别、阶级、道德与性取向而研拟。

8. 英国参酌 OECD 的定义,定出积极老化为:"让人们可以保有独立和无论任何年龄,皆可发挥他们的潜力"。

9. 美国 2010 年审视有关高龄者议题后,生命历程主题开始萌芽,确认高龄者晚期生活质量与整体生命历程相关,以实证为基础,建立生活质量量表。

10. 澳大利亚政府经由研究(Australian Capital Territory Health Action Plan),认同 WHO 提出积极老化的观点,承认社会因素对健康有影响,提出积极老化应包含社会活跃、心灵活跃、身体活跃、经济安全和劳动力参与,由政府发挥带头作用成立跨部门,以达到质与量的结果。

(二)成功老化(successful aging)

1. 早在 20 世纪 60 年代,美国最早提出成功老化的观点,但被质疑过于功利与忽略现实生活;到了 20 世纪 80 年代,从经济观点出发,以生产力的观点取代;再到 20 世纪 90 年代,受到 WHO 的影响,美国将健康、积极参与及资深公民在家庭、小区与国家的生活纳入,扩大原先成功老化的范畴,将生活议题融入积极老化。

2. Rowe 和 Kahn(1987)首先跳出医学的角度,提出避免疾病与降低失能的风险、积极参与生活、具有高度认知与维持良好身体功能三者,即为成功老化的定义。

3. Baltes 和 Baltes(1990)提出 SOC 模式,认为成功老化应定义为一种心理良好适应的过程,且是经由选择(selection)、优化(optimization)、补偿(compensation)的三种过程后,达到成功老化的境界。

4. Fallon(1997)提出成功老化的主要因素,包括保持生理和心理的活跃,同时保有社交、工作与宗教信仰。

5. Von Faber et al. (2001)认为同时具有身体、社会、心理、认知功能与幸福感,才是成功老化。

6. Griffith(2001)强调成功老人其内涵应有健康身体、良好适应能力、具有生活标与生命意义。

7. Crowther et al. (2002)融入宗教与灵性,探讨对高龄者健康之影响,而Parker et al. (2002)将宗教纳入 Rowe 和 Kahn 的模式,推动成功老化的模式,得到良好的成效。

8. 徐立忠(1996)提出成功老化应包括认知(了解自己与别人)、自律(克制自己)、自助(尽己所能帮助自己与他人)与持续(满意过去,接受未来)四个要素,这是使身心达到整合且平衡的最佳状态。

9. 林丽惠(2006)指出,就有关成功老化的定义,可以分成以下两点:

(1)生理学观点:黄富顺(1995)与叶宏明等人(2001)强调保持健康的最佳状态,辅以适当的营养与压力的疏导,使老化的过程可以实现生理功能缓慢而温和地降低。

(2)全人观点:徐慧娟与张明正(2004)、叶宏明(2001)强调维持生理、心理、社会三个层面的重要性,以达到成功的老年。

(三)小结

就积极老化的意义而言,WHO 广泛地纳入生活的各个层面,强调高龄生活并非仅重视医疗健康层面,心理、社会皆会影响高龄生活质量;OECD 从个体的生产价值观点出发,强调不同年龄层可提供不同的生产力;EU 则重视个体不断的自我调整,认为高龄生活具有发展的各种可能性;其他较先进国家也都遵循 WHO,将外在大环境因素纳入整体观点考虑,也重视高龄个体之各种可能性。另外众多有关成功老化的研究,则试图从生理、心理、社会、文化、灵性各方面找到成功老化的指标,希冀定出标准,以明确定义何谓"成功老化"。

由上述各先进国家研究正向老化的历史发现,一开始大都由经济观点出发,忽视了社会与文化这块因子对个体心理产生的影响。反映在政策上则窄化了老化的意义,造成"无意识的社会歧视";表现在行为上,则呈现了短视的眼光,忽略高龄期的潜能,忘了提出老化议题与尊重老化的初衷。但不管从何种研究角度切入,随着时间的更迭,高龄者的相关议题,已广泛地引起重视,也开始纳入其他非经济与生理因素,显示单指某一方面的老化议题,已不足以阐明高龄生活的全貌。因此不论是积极老化或成功老化,均重申老年期的各种可能性与发展潜力,同时也说明高龄期不应被剥夺社会参与权利。相反地,应提供各种可能参与的机会,并鼓励高龄者参与,以避免无意识下造成的高龄歧视。

三、由文化心理学重新定义适切的高龄生涯

文化会随着人类行为活动与生活方式的积累而产生不同的定义,社会及文化对老化过程产生的冲击以及这个过程造成的社会后果与影响,常是我们始料未及的。法国社会老年学家 L. Gautrat 和 A. Fontaine 在 20 世纪 50 年代就极力主张破除年龄的迷思。他们认为年龄不应成为角色、地位、能力和价值的判断标准(邱天助,2003)。Erik H. Erikson, Joan M. Erikson, 以及 Helen Q. Kivinck(1997/2000)从心理社会阶段论观点出发,他们认为人的一生将经历一系列的发展阶段,每个发展阶段均有冲突存在与统整的使命,所谓成长便是克服这些冲突的过程而得到生命的整合。所谓全人的发展,即为个体成熟与社会环境之互动而成。Loevinger(1976)提出自我发展代表的是"性格发展的过程",是一种随着时间以及生理年龄同时逐渐成熟的过程(庄雅玲,2003);Levinson(1978)从个体与群体关系出发,强调个人与社会关系,提出"人生季节(Seasons of a Man's Life)"(林姵含,2005);Jung 对于老年期的概念,则认为人类的发展

过程中,中年时期是转变的关键,此时人格从外向转为内向,故老年是一段自我反思并发展智慧的时光(龚卓军,1999);Peck(1968)提出超越自我与专注自我理论,假设老年时若不只专注生理功能,反而能激发潜能而重新寻找人生的意义。

综上,众多学者从不同的角度对老年提出不同的观点,证实老年并非如想象中的可怕,可怕的是对于"老年"的态度以及社会对"老年"的想象。不真实的想象容易造成误解进而诱发恐惧,适切的态度才会是决定老年生活的关键。不论是积极老化或成功老化均已触及这样的层面。是故真正健全的高龄,应是由生理的健康、心理的健康与社会的健康共同构成的。不管是医学还是社会学,均只能侧重单一领域的研究,忽略整体而强化单一。这样的结果并无法说明整体的高龄生活与高龄意义,是故完整的老年学实应包含身体的、心理的、社会的和精神的四个面向(Markula, Grant, & Denison, 2001)。另外现今社会资产强调的仍是整体概念下齐一性的个体,并非真正尊重个体之发展性。对于高龄者,需要的是一个全面意义的再建构,常见的年龄和老化仅与生物学现象相关,但是年龄和老化的意义却通常是由社会和文化决定(Hareven, 1978)。因此就文化心理学的角度而言,我们该如何定义"老人"?仅依据老化的定义,将老人单纯的分类成65—74岁的年轻老人或称为初老人(young–old)、75—84岁的中老人(old–old)与85岁以上的老老人(oldest–old)即已足够?回归现实,这不仅是字面上生物学的意义,"老人"一词实质内涵之复杂性,包括一个人生命历程中大大小小的选择、行为和经验的持续积累。生命个体从出生一直到达高龄期,必定经历过人生无数的风风雨雨,有过种种不同的成功与失败的经验,这些生命经验,成为老人生命意义的来源。美国发展心理学家Neugarten曾说:"个体的生命,如同一把逐渐开展的扇子,当活着愈久,彼此之间的差异就越大"(张怡,2003;黄国城2003)。他认为要定义"老人",需要了解"老人"生命的脉络,而生命脉络的来源会随着生活事件、社会情势、文化环境及历史时间而有所变更。由此可知,解读"老人"应从不同角度、不同理论,以全人的观点,全面性的考虑并提出看法(吕应钟,2001),如此才能真正归纳出"老人"展现的创造价值、经验的价值及态度的价值(Frankle,1986)。这三种价值会随着人、事、时、地、物与时推移,也是这样的变异,才能彰显每位"老人"唯一的、独特的价值。

四、总结

夕阳无限好,不怕近黄昏。高龄,虽是生命的最终阶段,但生命是一种历程,老年是人生整体的一部分,是个体完整心理形态的展现,必须以一致性看待,不能断章取义。同时必须考虑当时的社会环境、人际关系和个体经验对心理的影响,以理解个体社会化、意义建构的成因,进而得到真实的、适切的老年意义。因此本研究拟以个别高龄者的生活意识为主,尊重高龄者个体之独特性,强调"适切的高龄生涯"非来自外塑或达到他者制订的目标,只要高龄者自身审视其老年期生活,非关环境与社会公约,统合自身成一个有意义的整体,重构高龄者生活意识,符合其对于高龄生涯之期盼,此即为本研究"适切的高龄生涯"之目标。希望以此为出发点,重探老年的意义与重构高龄期之各种可能性,以提供高龄期一个不同以往、具弹性的思考角度与生活意识。

另外由于对于"老"的定义莫衷一是,但在不同领域却有不同的说法,例如在医学上,高龄产妇虽没有一个绝对的年龄值,一般而言超过35岁即是;而在职场上,30岁却已经是进入所谓的初老阶段;在运动场上,不到40岁即已算高龄运动员。由此可知在不同场域皆有其特有对"老"的说法,但在常用以界定与老相关的议题,基本上仍是以生理年龄到达65岁才算进入老年期。因此不论是老人或高龄者主要仍是以WHO定义65岁为分界点。故本研究所指涉之"老人",仍是沿用常见之定义——年龄65岁以上,而高龄者除达到生理年龄门槛之外,还需要具有整体生命历程与生活意识的含义。本研究所希望的"高龄者"生活意识,是完整"生命意义"的展现,不仅指体力活动和劳动的层面,还包括对社会、经济、文化等的持续参与并发挥作用,延续机会以将高龄化变成正面经验,突出老年人仍然是家庭、小区及经济发展的重要宝贵资源。

第四章　研究方法

　　Shweder(1991)指出文化心理学的进程,主要在于对文化传统和社会实践的调节。本研究秉持文化心理学的原则,着重探讨社会对老人刻板印象的形成原因与不同年龄层对老化的恐惧缘由,并希望借由现实生活中的老人实际例证,破除对老人不切实际的想象,同时鼓励老人重回自我意识,重新掌握生活。因此本研究采取质性研究取向,以文化心理学的社会建构论为理论基础,以叙事法和论述分析作为个案研究的方法论。研究重点在高龄者本身生活意识之研究,希望能唤起高龄者自身的自信心与生活意识,能适当支配自我高龄生活。同时相信高龄期也有各种不同发展的可能性,使其成为可能成为的自己,建构出一个可以适当使力的高龄生涯,也唤起不同年龄层重新审视高龄的意义。

　　研究内容首先以整理媒体报道为主,说明社会上,在各个角落、不同生活领域的高龄者,他们拥有丰富的高龄生活,具有建构自我生活意识的能力。之后辅以老人电影及纪录片文本的讨论,侧面说明高龄者值得拥有也确实可能拥有多姿多彩的生活,同时仍有能力为社会作贡献,而非仅是"消耗者"的角色。最后再以叙事法访谈高龄者,由高龄者现身说法,用以说明一般对老年认知的不适切,并再次验证更精彩的高龄生活之存在。据此再透析高龄对老人的实际意义,理解老人的再现与高龄者生活意识的产生,同时提供高龄者不同的视野与思考角度,并重视自己内心的声音,希望高龄者能有机会为自己营造出适切而可能的高龄生涯。

第一节 高龄生涯与意义重构的理论基础

本研究焦点在老人的再现与高龄者生活意识重构的实践研究。"再现"说明对个体生活权的掌控，"重构"则说明个体自我的再出发，而"实践"则是现身说法，告知"我（指老人）"仍有各种不同的发展性与可能性，而且和你们想象的不一样。故在研究方法上以叙事法和论述分析为依据，就文化心理学发生的脉络，首先以人本主义的心理学为开端，强调个体的真实与尊重；继而借由社会现象学，追溯问题存在的根源；之后辅以社会建构论，重新建构由高龄者自己发声的高龄意义与生活意识，期许高龄者脱离单一化的形象，同时呼吁他者勿继续以社会现存的大框架限制高龄者，应以新的视野看待高龄者个体发展之可能性。再借由媒体报道与电影，提供一个生活意识现象的基础，最后以叙事访谈贴近真实，再以论述分析探得重构生活意识后，建构真正属于"高龄者之意义"。

一、从人本主义的心理学基础开始

心理学中一向包含以人为主体的研究取向，它是由内而外，主张应尊重个体价值、强调人的主体性和个人的尊严。人本心理学者认为心理学应该研究的对象是"人的整体经验"，不断重申人的正面本质和价值，重视人的成长和发展，包括外在行为与内在活动。诸如个人价值观、思想、创造、人生价值、生命意义、人生成长、高峰经验以及自我实现等均是其研究内容。顾名思义，人本心理学重视的是人，是人对自己的看法，认为本身即是行为的主宰，并非隶属于环境，而是具有自由意志的，并能为自己做出适当的选择。故其中心理念认为人是不可分割的整体，人有自己的需求和意愿，有自己的能力和经验。人本心理学派旨在帮助人了解自己的内在心理状况,以及内在心理状况之所以能影响自己行为表现的原因,促使个体朝向积极而健康的心理发展。

"人本"的心理学拟寻求的是个体内在思维与外在行为的统合与一致性,仅管人的一些行为与想法,经常是受到外界影响、引导甚至压迫后产生,即便如此,这些行为与想法也是经过个体的"选择"才得以实现。因此只要个体的选择存在,个体即有许多"可能"的发展,所有的发展都应被关心、都应被尊重,而个体任何的发展也都可能形成一种价值观,或凝聚成一种新的意象。故而 Carl Rogers 指出,美好的人生是一种过程,而不是一种状态(徐玥译,2020),为了追求美好的人生,必须采取开放的态度,必须活在当下,相信自己并对自己的选择负责(图 4 – 1 – 1)。

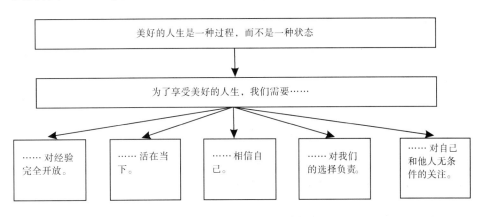

图 4 – 1 – 1　活在当下的能力

注:引自 Dorling Kindersley Limited 出版的《The Psychology Book》(徐玥译,2020)。

由此反思现今言谈有关高龄者的状况,个体常在无形中接受群体塑造的高龄意象,也常在不自觉中成为压制高龄者的帮凶,忽略高龄者真实的需求与发展的可能。然而这些都可以经过一种新的选择、一种新的视野而有所改变。故本研究希望以人本的心理学为起点,唤起个体知觉,重视对自己的看法,将有意义的生活经验纳入,而不受所谓本能性的冲动所左右,个体将随其个人意愿有所选择,而不为外在刺激所控制,以此重塑高龄的形象与意义,以达到适切的高龄生涯的目的。

二、社会现象学对文化意义的启发与溯源

现象学本在探讨现象的本质,企图透过经验以理解经验背后的意义结构(张汝伦,1997),以找寻独特的心理真实以及社会现象对人们所具有的不同意义。意义和目的是在为日常生活的现象进行澄清的工作,为个人行动创造一个脉络,使大家有共同的社会秩序;人们即如此互相创造社会且定义社会(陈迪晖,2001),所以社会秩序即是一种共同的社会意义。而社会学基本上是将"社会现象"视为一件"事",而这件"事"不是通常的事,是特别当成"社会的事"(蔡元培,1924),且是与意识相关,最后则形成了经验的"事态"。社会现象学特别指出:社会是实在的,由对话和互动而建构。当我们谈到意义时,社会现象学常会引用"指标性(indexicality)"与"返身性(reflexivity)"二个概念来探讨主客体意义。指标性意指单一字词或单一句话的真实意义,需依赖使用时的上下文脉络做判断;反身性意指话语的动作,非单为表达意义而已,同时也在话语所指之中行事。简单来说就是厘清人类行动和现实世界的关联,且必须注意到意义被设定的构成过程(Schutz, 1991)。以社会现象学所亲近的"俗民方法论"观点来说,这种过程即为创造、加强或维护社会规范。所谓的社会规范即是一种共识的社会现象;社会现象与你、我皆相关——依据 Émile Durkheim(1999)的定义:"不论是否为外界常有之动作状态、却普遍存于团体间,经由强制而使人感受其固有之存在性,即为社会现象。"Durkheim 也指出:"欲研究社会现象,则必先了解众人指称之社会现象,并需深察社会现象背后指涉之意义。"针对此观点,Husserl(1999)引用 Aurelius Augustinus 的名言:"真理寓于人心,不需外求。"是故,回归探究社会现象学,A. Schutz 引述 G. Simmel 的观念,认为:"具体社会现象均应追溯到个体的行为,且应有详尽的描述,以理解行为形式之中内涵的社会形态(Schutz, 1991)。"

　　根据 Schutz(1991)的看法,"意义"本身就是一个高度的分歧,他认为唯有了解个体的行为,才能掌握各种社会关系与社会结构的意义。因此我们认为世界是什么,主要取决于我们如何看待它;我们看待世界的方式,则又取决于我们是居于何种社会关系中。若单就"意义"对个体层面而言,并非仅单一自我意识,而是包含对社会意涵(或社会关系)的一种意识反应,并表现为外显行为,而外显行为一方面是个体所欲自我表达之主观意义,另一方面又是要让他者理解之客观意义。人是社会性动物,不能离群索居,因此个体经常在不自觉中被外在意义所引导。此二者彼此具有强烈的社会关联,也会成为个体行为、意识之指标。以老人为例,高龄者的生活世界在不知不觉地共构中被建立,而匪夷所思的是在建构的过程中,缺乏高龄者所欲自我表达之主观意义,于是长期下来,老年期的生活与社会关系,被预设成由他人建构的观点,忽略了高龄者的身份认同充满变数,但是高龄者却无法控制别人对他们的形象描述,高龄者如何思考他们的世界和自我,最终都变成取决于他人,由他人定义而他人却也成了将来的"受害者"。但就词义的演变过程而言,词义是会随时代的发展而改变,会增加新的词义,词汇本身也会增多,也会发生变化。因此在意义的观点上,高龄者如何从自身与他者赋予的"高龄意义"中,挑选、抽取、形成自己的高龄意义,并成为生活意识,进而影响行为,创造适切的自我高龄,这是本研究希望之突破点,让行动者(指老人)以自己的观点,找寻自己行动归属的主观意义脉络,刺激问题面向的思考,以回归事物本身,观察其"自明的本质(self-evidence)"(刘一民,1981;张俊一,2008)。

　　综合上述,在社会现象学中,不论是从"社会世界"或是"生活世界"(Schutz,1973)立论,对于主客体意义、人与人的直接经验、对社会共同世界观察的论点,都强调必须深入研究"意义"与"了解"的社会现象(或过程)根源(Schutz,1991),此观点对于本研究发挥了兼具启发与溯源之作用。故本研究以高龄者之特殊社会刻板印象起始,将刻板印象视为是上述群体意识之外显,除探究其对高龄者之自我与他者之经验差异,同时也探讨主、客体意义,个体表达的主观意义(生活意识)，以此反思"高龄"一词对自我(主体意义)的意义与他者解读个体行为(客体意义)之差异。

三、社会建构论的指引

社会的形成简单而言是由个体组成群体，群体再组成社会。在人类社会中的特征显而易见的是具有共同群体文化模式、明确的生活空间与区域界限。很明显，社会是众人所共同建构下的产物，因此社会发展与社会事实对个体的行为跟认知具有绝对的影响力，也因此发展出个体与个体、个体与群体、群体与群体之间各种不同的社会关系认知，见表4-1-1所列。意即你在不同的社会角色人眼中的你，及如何看待你与他之间的关系，这种关系的形成，就是社会中的个体与群体所共同建构的。

表4-1-1　不同人眼中的你

对一个不同角色的人	来说	你可能是
生物学家		是个哺乳动物
理发师		需要理发
老师		是个上大学的料
父母		是意外地获得成功
艺术家		是优秀的模特
心理学家	来说	有点神经质
物理学家		是个原子合成体
银行家		是未来客户
医生		是抑郁症患者
爱人		是一个非常棒的人
密克罗尼西亚的伊法鲁克人		是一个有光的人

注：引自 Kenneth Gergen (1999)《An Invitation to Social Construction》(许婧译,2011)。

社会建构论的观点认为适切或合理的知识,其实才是整体社会关系发展的产物(Gergen,1999),而其基本精神则认为个体可以有多种可能性,反对孤立而僵化地看待个体或条件,因此个体可以通过各种途径采取行动。若由此观点检视现今老年的意义,公众早已在无意识下、非刻意地为高龄者建立明显标签,高龄者之社会印象早已普遍根植于大众,但为何高龄者愿意无声地接受? 主要是因为在共同的社会观点下,表现出与外界高龄印象一致性的高龄自我是最不容易发生问题的。在日常生活中,经常见到有人因在逻辑上不一致而遭人奚落,在道德上的不一致而遭人谴责,因此与他者一样的行为,就成为最安全的、最不易招致异样眼光的做法。

但我们仍需厘清一个问题——社会与意义。此二者决定于我们采用了什么样的论述,采用何种论述也就等同于用什么方式看待,而看待的方式,又由个体所处的多重社会关系决定,外在对个体之意义,为个体对社会事物的反射或映象(Gergen,1985)的程度,不同的个体却需面对相同的真实,Gergen(1999)称之为"普遍的真实"或"共享的现实"。如果我们认同个体需齐一性地接受所谓"普遍的真实"或"共享的现实",如此则形成一个很怪异的现象。因为根据社会建构论的理论,现实社会的基础是个体能够感觉、思考、感受并直接采取行动,个体依据不同的信念,在建构的过程选择一些事物作为专属于个体的真实,同时在利用论述互动之中产生意义。

另外,社会学家 Harold Garfinkel(1967)亦指出,人们经由不断的行动与互动而创造了社会的结构,同时也创造了属于他们的真实(意义),此真实(意义)之发生源自主体的相互沟通,同时依赖社会过程的变迁。故社会所建构之意义主要立基于群体的经验,在个体正式进入前,已提供了所谓"客观化"的进程及有意义的秩序(Berger and Luckmann,1996)。人类借由在心理、社会和文化的脉络中建立独特的概念,以理解曾经经验的情境,并不断地修正、扩充或舍弃,将自身的真实视为"动力性框架(dynamic frames)"(Pope,1995),以符合社会价值观,但 Gergen(1999)也指出"真实"对既定生活具有效用,但也包含了潜在危险。因为井然有序的日常生活是在个体能理解前,便由客体的对象组合而成,使个体做出有利决定以符合现实状况。高龄就是一种真实,会使高龄者依据真实的规则调整自己,而现今社会长期建构的高龄,对高龄当事者而言即具有潜在危险,因为老人本身既然相信了真实,习惯使然就远离了各种的可能性,而论述的结果,致使高龄失去了自我,成为没有声音的牺牲者。姑且不论背后意图,但此种现象就是社会控制者透过各种形式的论述所建构现今普遍高龄期的印象。

社会建构论者也认为关于世界的表述都隐藏着一种价值观。此种价值观对个体而言,具有双重意义——有用却又隐含着潜在危险。因为在此情形下,个体的认知不是单纯的被动发生,而是主客体之间的交互影响下的结果。所以当我们再建构问题的同时,也解构了原有的属于个体的真实,也就等于重构了机会(Gergen,1999),有机会就不易被习俗所约束,此点符合 Gergen(1999)对于社会建构论基本精神的说法——建构与解构会同时发生,这样的观点也切合本研究论述分析取向,因为社会建构论的基本精神,就是"邀请"群体接受多重观点。所以重新建构的重要性,源于关系着我们未来的社会效用,是一种形式的创造,个体被视为社会的一个成员,不会单独受到重视或理解,仅有形成共同的语言及文化符号才会受到特别的重视(Smith,2006)。George Mead 认为我们生来就具有一种互相迁就的基本能力,经由我们的手势、声音、面部表情、眼神等肢体语言,判断他者对我们的肢体语言的响应,才能够知晓别人的肢体语言所具有的含义(Gergen,1999)。故在认知与知识体系的建构过程中,人的心智是主动组织个体经验,是在日常生活的人际交往与群体互动中建构,非个体所本有。而个体之行动则取决于他们建构的世界,让各式各样的概念、模型、符号成为有意义的经验,据此经验形成群体的共通意义,此共通意义强调"真实(reality)",故"真实"仅存在于某些有条件的情况下才成立。

四、建构、解构与文化心理学的关系

社会建构论源自怎样才能对社会进行良好探索的思考,研究我们对世界的认识源自社会关系的建立,这些认识不是单纯来自个人的思想,而是源于解释或交流的传统。事实上,人生的具体意义,是在我们思想当中不断地修改与寻找,只有通过个体所处的文化解释模式,才被自己和他人所理解(Bruner,1990)。社会建构论为创造性思考及个体行为开创了一个机会;社会建构论并非要否定或怀疑一切,根据 Gergen(1999)的说法是"邀请"我们接受多重观点;社会建构论的关键,并非其客观性,而是其有用性(Gergen,1999)。现今科学尚无法提出放诸各学科通用的"事实",因为所有的事实表达都是针对某一特定的传统,且已深深根植于文化和历史中,因此我们必须从最根源处着手理解个体与外在社会环境的关系,才能找到适切的高龄意义——一种文化心理学取向、完整的个体的历程。

文化心理学强调个体心理是一种渐进式的历程(Much,1995),是个体与社会和象征文化的交互作用(Kakar,1982),同时具有明显的生物特色与生命经验的历史,是个体独特的生命结构与文化感知系统(Much,1995)。是故以社会建构论的观点理解社会对于意义与高龄者之间的关系有其必要性,但也不可忽略的是本研究与文化心理学之重要论点——高龄者之生活意识,个体意识会受到文化和社会关系的影响,既然要唤醒个体意识,如此则需要再探讨社会建构论中所提及解构的要点。"解构"一词系源于 Jacques Derrida,强调两个核心论点,一为各种社会现象的意义,均可以有无限的解读与延伸,但是理性会带给意义很大的限制,另一论点为热衷挑战与反抗权威,即不接受既定之传统言说(Ellis,1989)或被已理解的真实限制想法。以解构的论点诠释本研究,"社会现象的意义"即为外在赋予高龄者的普遍印象,而"理性会带给意义很大的限制"。据此观点可知,何以高龄者为避免外界的眼光,而无声遵从既有的社会规范。

秉持"热衷挑战与反抗权威,不接受既定之传统言说"之基本精神,鼓励高龄者走出被外在环境局限的自我,真实地倾听内在声音享受自我。如此将解构的特点,置于文化心理学的脉络下,借由个体自身在已有的规范中持反对的立场,针对现象与意义加以反省与批判,以找到其中之偏见,并脱离各种偏见的束缚,以回归本体。解构理论者强调文本的解析,认为"表面意义"与内部无法看到的"特定事实"间具有密切但却尚未被指明之关系(Norris,1983),此种隐而未发之含义,如同社会现象所显现的真实,并非"实在"的真实,他者对于"真实"的坚持,只是为了消除数不胜数的其他说法。而通过消除这些说法和表述,我们也就限制了行动的种种可能性(Gergen,1999),故其所建立社会秩序背后,并不是取决某些事物本质的条件,而主要是用于排除、隐藏既有秩序之外的其他可能性(鲁显贵,2003),但在这些被排除的可能性中,却可发现许多既存的预设与其中意义的相互矛盾及失控的关键处(Jefferson,1986),此点正好呼应了文化心理学的观点。

五、总结

从人本的心理学到社会现象学,再到社会建构论,再到文化心理学,可以发现现今建构的所谓社会"真实"与社会秩序,明显地忽略了个体特色、生命经验的历史、社会中个体独特的生命结构、个体的文化感知系统。同时如此建构出来的社会"真实",也无视于文化心理学所重视的——理解彼此相互渗透、影响和制定个体之间的关系。仅仅以模块化的方式,单纯的以普遍群体意识为主体,并以此不完整、模糊的主体真实地强加在个体之上,故意忽略个体之主体性,这样的结果,着实引人深思。

不可否认,社会文化具有强大格式化群体的力量,但个体潜能却能区分出"独立个体",此即为意义对于个体理解、接收之独特性,且存在于意义形成的过程中。毫无疑问,意义产生于主客体间的互动,意义也因互动的关系而总是处于变化状况,没有什么固定脉络可供辨认。每一次的互动,都将由个体之主动接收、理解而赋予新的意义,而新的意义并非单纯产生于大脑中,而是产生于相互作用的过程与对彼此的关系认知中,所以意义永远都取决于从此刻到下一次谈话的内容,意义的价值与适当性,也将在这样的时间关系中产生。值得注意的是,既然意义产生于彼此互动,当我们借由意义达成共识并认同某种价值观念时,不管认同与否,其实当下也在彼此之间埋下了冲突的种子(Gergen,1999),这冲突的种子实际上就是对个体自我意识的挑战。此点符合社会建构论者认为知识的形成是个体主动接收建构而产生的,并非被动地接受既有的成果。社会建构论将各种的"理所当然"暂时搁置,以听取另一个事实描述,采取怀疑的角度,试着站在各种不同的角度,以得出各种适合的结论(Gergen,1999),得到的知识非一成不变或维持某种恒常性,而是个人经验与他者进行社会互动后达成的共识并使之合理化(即社会关系之意),故在社会建构论下的观点中,意义同时具有发展性、演化性与不确定性的特点。

　　按照文化心理学的观点,文化是流动的,边界是模糊的;在社会建构论的论点中,认为理性会限制人的思维,使人的视野变窄(Gergen,1999);在解构论中则认为不应接受既定之言说。这三种看似不同的主张,实际上都是以"人"为中心。在人类社会中,个体很容易适应习惯,也很习惯在他者的看法下生活。而这三种学说都在提醒个体从不同解读角度思考自我与所处社会的关系。在从脉络下经由观点转换,可以了解社会价值与功能,常会因立场的不同与主观的预设而遭到误读。误读本身就是一连串本义的扭曲,涉及文本背后的文化意涵与社会环境的机制与社会控制。久而久之就会成为一种社会运作与社会实践。故社会建构论在本研究中扮演觉醒者的角色,必须要从社会现象洞察,找寻意义本身及其与整体社会背景、文化传统的相互抵触点,反思不适切处。如同社会建构论认为论述世界,并非仅是人为社会事物的反射或映象,而是一个社会公共事物的真实交换,不仅仅是影响到知识的建构,也影响到人的特质(Gergen,1985),社会建构论直接引导了本研究的开展。

第二节　研究方法论

在文化心理学的架构下,从心理学的人本研究取向、社会现象学到社会建构论这些文化理论的方向来看,其中有两种共通的方法论,就是叙事法与论述分析。这两种看似不同的研究方法论,事实上有其必然的会通之处,但由于立论基础与研究材料来源的不同,因此在个别指引下的方法也会有所不同,分述如下:

一、叙事法

(一)叙事与故事

生活就是叙事,叙事就是将个体与身处的社会结构和文化脉络产生联结,是个体认知建构与意义形成的内在心路历程。以叙事法研究的特点就在于与现实生活联结,当个体将内化的认知以文字或口语再表述时,实际上已再现事件的脉络意义与个体经验。故而个体自出生后,一个具有意义的伦理自我即潜藏于家庭社会结构中,不断主动与被动地累积与创造真实感,然后成为个体的生活故事。叙事成为个人生活、经验和诠释意义的管道,一个由外界和自我所共同构成,包括未来的行动和已发生的事件都必须纳入现在的情节中,而且事件与事件之间,明显具有价值的判断与因果的关系(Gergen,1999),因此不同的人对于事件本身的诠释和意义就会改变(Polkinghorne,1988)。故叙事是一种意义性的架构,对个体而言包括回忆过往、掌握现在与对未来的生命发展(张翠芬 2001),在此三位一体的研究与分析中,个体再次认同和确认个体自我。

叙说而成的故事并非凭空出现,而是个体认知的社会真相,是在特定的社会脉络中形成,是在检验人类经验。Mishler(1986)指出故事是理解人类经验的方式,而且故事内容已包含当事者的文化、语言、性别、信念和生命历程(Witherell & Noddings, 1991),表明个体在叙说的过程即已重构脉络并再现对其特殊之意义。是故在叙事法的观点中,个体生命历程的各种事件,将是形成、积累成专属于他所独有的经验,而这样的经验会适时地提供帮助,如同一种潜藏的隐喻(Bruner and Feldma, 1990),也有如探照灯,在个体需要时提供照明。故叙事研究可以结合事实和想象,探究人类经验、行动和生命意义,了解事件因果,重新赋予意义理解现实。再根据叙述法的特点,Bruner(1990)认为叙事研究是以人为主角,以特定事件为序,并非以时间为序,而事件的意义则在衍生的特殊体(Bruner, 2001)在整体事件中的位置与关联性而定,并且受社会文化与历史环境所影响。叙事只为把单纯自动的行为变得有意义(Bruner, 2001),同时可展现主体、人我及社会之间三者的关系。故叙说不仅是个体诠释世界的方式,更是主动建构,透过自我以变化人我之间的关系及其对意义之理解。所以个人的和社会文化的关联,在叙事的过程中已被建立,并且都会以具体的故事呈现为某种可与客观事实相提并论的社会现实。

(二)叙事分析与研究

社会建构论下的叙述分析,依照需求的不同,从内容上可以分成对自我的叙事主题、叙事内容、叙事历程的研究,或者以故事为中介的多重对话与全人观点的叙事研究(Avid & Georgace, 2007)。不论是哪一种的叙事研究内容,社会建构论的重点是探究在共同的社会与文化脉络下的关系,并在此关系下着重分析意义和语言是如何被创造而成为社会真实,而且此种具指向性的社会真实,又是如何与个体发生交互效应?据此沈清松(2000)认为在叙事的层面,个体行动的主动性和承受性是必然相关,而自我的意义则是完成于相互之叙事之中。故而叙事可以体现个体的存在感,在叙事的过程中,要点的意义与社会脉络透过个体表述发生再现,同时也阐述了个体的经验、意义、社会结构、文化之间的连结(Sarbin,1986)。

叙事研究是一种叙说者与研究者、阅听者不同时间点的双向交流的过程,Riessman(1993)将从此种特属于个体经验表征的意义流动分成对叙说者的"诉说经验"、研究者的"专注经验""转录经验""分析经验"与对阅听者的"阅读经验"。在故事的架构下,经由这样的传会(transform)过程,叙说者再现过去经验,统整并再建构自我,研究者借由诠释故事创造意象,而阅听者则从中得到其所想要的内容。因此叙事研究是应用"故事"探讨人类经验和行动,进而赋予意义,并理解群体共构生活意义一个最佳也是最好的方法(Polkinghorne,1998)。

本研究采用的叙事法,接近 Herman(1999)的叙事论述及 Bruner(2001)叙事理解之对比与后设认知。叙说者借由自我文本,分享故事的建构和研究者共同再建构故事,为生命历程之经常性变动赋予意义,同时运用电影情节的对比与平面媒体报道的后设认知及高龄者对高龄意义的叙说,将统整后的叙事,有意识地和社会群体对话,体认自我之独特性,同时呈现扭曲高龄意义之压迫,证明高龄者为独立个体,对生命具有主观意识。再结合媒体报道、电影和引导性的访谈文本,让高龄者为适合自己的生命意义找回诠释权,同时对意义的实践做更全面的理解。本研究应用叙事法之叙事意义再现过程如图 4-2-1 所示。

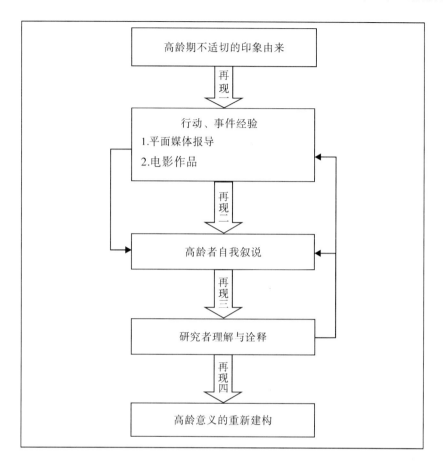

图 4 - 2 - 1 意义的再现过程

(三)小结

传统观念中成功的高龄生涯是期望人人皆老有所终,但如果每位老人皆能活出自己的高龄生活意识,相信在这样不抹杀其个人独特性的观点下,才能找出真正符合高龄生涯的需求。故而较适切并符合真实生活的老年意义的重探方法,是由老人自己发声,老人尝试自己为自己发掘出合适的、可能的定义,以此打破单一性的概念,建构适切的高龄生活意识多样性的观点。但现存高龄期的形象,大多是基于生理功能的退化所衍生,而国家、社会及政策有意无意地保护措施,虽立意良善,但也强化了高龄的负面建构,再加上各方面科技的高度发展,提高了人们对"速度"的需求,因此更加深了对于高龄者的负面印象,也正是此点呼应了现象学者认为"基本上所有的知识都是主观的"的说法,对于高龄期也不例外——高龄者是受到整体社会环境的影响,社会环境导致高龄者习惯性地忽略自我的主体。

另外因人口结构发生变化老年学成为显学后,长期以来对于"成功老化"已有制式化的概念,但此概念仅为一个共构的老年愿景,无法突出个体意识。因此本研究之老人的再现与高龄者生活意识的重构,是在尊重个体独特性的前提下,聚焦于适切的、可能的高龄生涯,不预设任何立场,纯粹以高龄者自身思考其老年生活之意义是否符合其个人之定义为要,如同 Gergen(1999)认为社会建构论的关键并非其客观性而是其有用性。故在叙事法的框架下,研究对象的选择,并不需要特别具代表性,而是其能体现自我生活意识的要义,因为在生命历程中,个体在文化的脉络下,是意义的建构者,是主动去选择、寻找及做出与生活世界联结的决定,然后朝向预期事件发展。因此本研究应用叙事法,从既有的现象证明问题并找出其可能性,以研究对象的主观经验(subjective experiences)为起点,尝试找到现象的本质(essence of phenomena),说明现象的本质经过长时间的扭曲,已非原来之意义,以此厘清刻板印象的由来,并证明个体生活意识在老年期的价值与重要性。

二、论述分析

(一)论述分析

"论述"是社会群体共同建构下的一个整体,其中隐含着知识、权力、主体三者(Foucault, 1970)。此三者在不同的事件中发挥不同的作用,其具体特性体现为(1)互为动态的文本主体性;(2)具传播性;(3)主客体权力之间的排他性;

(4)一种制约与循环的关系(吕美慧,2008)。论述分析就是在这个结构下,对这个事件整体进行系统性的分析,并非只是检视文本本身,而是将建构文本相关的论述及社会场址(institutional sites)和文化因素都纳入分析之中(游美惠,2000),所以论述分析是一种对社会文化实践层面诠释的一种研究方法。和叙事传统稍有不同的是在社会学研究方法中已经确切明定了团体现象可视为"社会现象"(Durkheim, 1999),而所有的社会现象都会以某种系统性论述的方式被呈现出来,所以论述并非客观实践的反映,而是具有积极行动的力量。用Derrida的观点来说,就是"文本之外,别无他物",而这里的"文本"正是与"论述"一体两面的社会呈现。

论述分析的主要材料就是文本,Fairclough主张论述分析就是在探讨文本、论述实践和社会文化实践三者之间的关系(Fowler,1997),也就是语言、意义与社会结构的状态。Potter和Wetherell(2006)认为文本中的言语实践是个体心理状态的转化;意识形态则是复杂的社会框架,控制着社会群体的认知和态度。文本可以反映个体所属的社会环境;论述则是深入探讨背后之结构意义,即置身于语境下理解其意义之脉络。论述分析结合心理学对个体心理反应的关注与社会分析,将事件分析隐含其中,使个体与社会产生联结,探讨社会科学里生活方式和文化习惯的影响,非局限于语言学的分析形式与表达,谈论社会科学中对目标或主题的各种建构方式及不同说法,同时反映社会结构与建构社会过程的结构性及一再的重现及其影响个体的过程,这是一种建构性的话语观,涉及从不同层面了解建构的过程(Fairclough, 1992),以了解不同参与者根据其印象对事件的说法及如何达成沟通性的互动(Edwards and Potter, 1992)。

(二)论述分析与研究

就论述分析而言,建构即是一种论述,文字或语言仅是意义呈现的重要媒介,社会观点则是建构后的整体论述表现。论述分析的重要性与社会建构论一样,并非要找出客观实体的存在或是任意拆解文本,而是要分析话语如何建构意义以及对主体的影响,同时关注正式(形诸文字成为文本)和非正式(肢体语言或音调的抑扬顿挫)的语言表现。个体在做自我表达或陈述时,通常会习惯性地避免被人贴上标签或减少被他者拒绝的情形发生,故而对于其话语与真实性之间是否达到一致,尚待商榷,但能确定的是其内在真正含义,常被其他的词语代替,此时话语之表面意义,并非其内心之想法,但语调或其他身体语言,却可察觉端倪。故而论述分析可视为联结社会与个体之间的通道,借由深入探讨文本,我们可以意识到隐而未发的意义,由此而分析具体的问题,即是理解语言或者对相关事物的陈述是如何被建立的(Potter, Stringer & Weatherell, 1984)。应用于本研究即可了解高龄者的意义以及对高龄者的陈述是如何被建构的以及与现实之间的距离。

Potter 和 Wetherell(2006)再指出以论述分析研究的优点在于对已被定型的、已被视为单一群体的主体,论述分析可以体现其被评价、被塑造与被建构的过程。不论是个体或群体,在不同的语境下,容易出现类化与截然不同的刻板印象,此即论述分析学者在探究语言真实性时,所考虑的变异性问题。Potter 和 Wetherell(2006)更指出论述分析的两个核心重点:(1)社会群体内的参与者,是如何被建构出来的;(2)不同的建构会产生何种结果。此二者一方面是影响到被建构的主体,另一方面则是影响到他者对主体的观感或态度。考虑主体与他者之社会能力再加以解释外显之社会行为,以得到合理化之意义,因此 Harré(1979)认为要研究社会规则对行为的影响,与其观察行为还不如以文本为依据。

另外,Harré 认为就规则与行为在意义的表现上并没有真正的中立或没有利益的介入(Potter & Wetherell,2006),部分在他人眼中看来奇怪的事,必须借由语言解释才能将行为合理化,合理化的用意在于避免来自外在疑惑的眼光,因此个体所有的外显意义,背后均有其目的存在,欲探究此种隐而未发的目的,也仅能以论述分析的研究才能揭示。故以论述分析为研究方法,可让研究者意识到社会常规、文本、行为三者及背后知识、权力、主体与个体自我认知之间的关系,同时提醒群体保持对语境的敏感度,理解意义与社会习惯的关联。相较于动物,人类的语言与行为通常更为复杂,相同的语言,在不同语境或不同个体上,披露之意义不仅对个体不同,对他者之理解也有差异。

(三)小结

在文化心理学的大框架下,以质性研究方法中之叙事访谈法再现个体"故事"的真相,并加以分析、研究,再以论述分析呈现"文本"的真实,先解构再建构,探究高龄者之意义以及社会环境对高龄者的陈述是如何被建构的以及与现实老人生活之间的落差,找寻研究对象被隐藏的先验意识(preobjective consciousness),借此希望减少因刻板印象产生的歧视进而造成预言式效应的发生,为适切的高龄生涯提出新的批注。故秉持叙事法和论述分析的基本精神,与尊重每位老人的独特性与自我意识,本研究以世界卫生组织对于老人的年龄设定,以65岁以上之老人为研究对象,以高龄期自我的生活意义为研究焦点,研究重点在于解构当今外在环境缺乏老人主体性的对老人生活世界所建构而成的独特社会价值,并为老人重新建构新的高龄意义,提供不同年龄层重新思考老年期,后续研究者思考不同角度的高龄,并提供高龄者思考仍有发展性、可能的自我高龄生涯。

第三节　访谈部分、其他研究材料之取得

叙事法与论述分析为本研究之主要研究方法。此两种方法对于研究目的——希望追求建构论"拒绝接受文章内容所赋予的表面原始意义与否定其原初的客观性"(Norris,1982)的本质,有助于厘清现象的本体,因为叙事法本身就是一种重新发现与再建构。个体在自我叙说的过程中,即已自动筛选决定何

者要放入叙事之中建构，来回往复、组织并产生有意义的情节（Rissman，1993）。因此叙事就是自我生命历程（或故事）的建构（Wortham，2001）与回顾，而累积的事件经验则有助于理解日常生活中的意义（Witherell & Nodding，1991）与受社会环境所影响的现实，此种颇具个人特殊意义的社会现实意义的方法应用，即为叙事分析特点。Bruner（1986）将叙事分析区分成"典范模式（paradigmatic mode）"和"叙事模式（narrative mode）"。本研究取向以叙事模式为主，强调在社会文化脉络下，探讨外在事件之间的关联性与形成的意义（Bruner，1986）对个体的影响，借此厘清并重建受访者之高龄生活意识，探索何以成为其所认为成功高龄的缘由与内在含义，同时分析叙述其所建构的事实并理解其意义。理解本身即是一种主动建构的过程，强调叙事者为主动建构的主体，是自我定位的核心（McAdams，1985）。由主体掌握控制权，重新建构生命经验，继而复位高龄期之社会思维和实践行动，创造出彼此可理解的意义，以形塑社会表征的真实角色。

一、研究操作方式

本研究操作方式经过叙事法（受访者主动叙说）之选择与诠释之后形成文本，但若单纯以受访者口述的表达即视为意义的理解，而完全不考虑受访者说话之条件与情境，这就流于 Schutz（1991）所言"形式上的意义"。故需再以论述分析（研究者理解文本）尝试由受访者表达方式及访谈内容，重视与高龄社会相关的主题，将意义视为社会实践的形式，内含社会表现与个体行为两个层面，关注的是话语的性质与其在社会中的角色（Potter and Wetherell，2006），串联个体的感受及痛苦，同时必须思考未来的可能性（Giddens，1990）。Schutz（1991）指出真正的意义，唯有理解其内心意思后所产生的表达方式，才是其真正的意有所指处。故而揭露故事背后受访者内心真正欲表达之实际意义与被隐藏的含义，再据此二者重新建构本研究主旨——适切的"高龄意义"。再依据 Uwe Flick

(1995，2002)针对文本的阅读与理解所提供的"再现"研究方式进行,包括三种历程:(1)再现一,强调日常生活中,人类对于行动的一种前理解,意即高龄者自己的行为,受他者影响(包括外在社会环境)指向表现符合外在规范的行为,同时主观地赋予"合理"的意义,此时的行为表现是受外界积极干预或是基于保护的目的所产生,故需先理解传统观念的形成,同时破除旧有的高龄概念。(2)再现二,依据研究目的,将多重经验转化为文本,此时的转化应被理解为个体高龄意义建构的过程,即为行动的轮廓化,用以搜集故事,受访者用"经验我"呈现"文本我",带出高龄者的生活意识,呈现属于其个人独有的高龄意义。(3)再现三,发生在埋解与分析的过程,即受访者文本与研究者论述分析的交会地带,由文本分析重要行动与事件经验,或某些生命事件呈现的生命意义,此时的文本非单指语言层面的组织结构,而是文本背后蕴涵的意义。

二、研究材料

本研究旨在以老人的再现与重构高龄者之生活意识,力证外在社会环境建构不适切的齐一性与实际老人生活的差异性,并鼓励高龄者认同自我、追求真正属于高龄者适切的高龄生涯。首先借由媒体报道及国内外电影资料的文本为依据,为高龄者的外在意义框架产生新的缺口,再辅以受访者之文本资料佐证,突破以往外界对高龄者之印象,提供不一样、与既定印象有落差的高龄者生活意识。

(一)在叙事文本部分

初步的访谈资料搜集,先由受访者以事件为序陈述其所见所闻之高龄生活,其次描述其现在自身所处之高龄生活,最后再陈述其个人对于高龄处境是否有何(正面或负面的)意义感。在整个访谈过程中,研究者以对话方式介入,企图借由陈述老人的生活(亦即搜集老人真实生活的故事)以揭露意义表面结构背后的意义真象(亦即论述分析的实践),以分析其真实与意义真象之不合理原貌。

(二)在媒体与电影文本部分

在平面媒体与电影文本材料之筛选,以足龄 65 岁以上之长者及其相关报道为主,而且本研究也不区分所谓的"年轻的老人"与"年老的老人",也不选择已具有一定社会地位之长者为研究对象。因为现今社会公约已为我们"规划"了所谓"完美的老年生活",为突显本研究之主题,强调每一位老人的独特,故本研究搜集相关之研究数据如平面媒体报道与电影均以普通百姓为分析的起点,用以证明高龄者理想中之完美的高龄生活不一定具有齐一性与说明高龄者已开始寻求高龄意义的另一出口——重构高龄者之生活意识。

(三)在选择研究对象部分

Potter 和 Wetherell(2006)指出对论述分析研究而言,研究的成功极少取决于样本的规模,又言要考察具有实践意义的取向,通常较小的样本或很少的访谈即已足够;Gergen(1999)也认为社会建构论的关键,并非其客观性,而是其有用性,研究对象也不一定需要具代表性。故本研究我的老年生活之研究对象,从研究者之生活圈选择,将先以口头询问有关其对自身老年生活之观感,若符合研究目的且自认其高龄生活具有意义者,拟邀请纳入研究对象同时签署同意书后安排访谈。

访谈的进行以叙事法为主,根据研究问题与目的而拟定访谈大纲(见附录二)。大致分成三个部分,由研究对象主述,从现存高龄者对现阶段老年生活起始,继之以研究对象的生活经验,最后以研究对象自我定义之老年意义为终。在实际进行访谈工作时,由于研究对象为高龄者,将考虑研究对象之状况弹性调整进行访谈工作(潘淑满,2003)。

（四）研究者角色部分

Riessman（1993）认为在叙说分析中，研究者再现叙说者的经验可分成"关注经验（attending）""诉说经验（telling）""转录经验（transcribing）""分析经验（analyzing）"与"阅读经验（reading）"五种。其中前四者与研究者密切相关，主因采用叙事法搜集取得之资料，牵涉太多人为因素，包括对话、文本、互动、诠释、时间、事件等，再加上研究者处理的是隐藏话语背后某种模糊经验的再现（Riessman，1993），故在资料论述分析上，研究者的技巧、训练、洞察力和能力相对重要。

因此在访谈前需先做研究目的陈述，之后取得受访者的同意之后，将访谈内容全程录音，以避免手记数据之遗漏。访谈结束后将录音数据撰写成整篇文字描述之逐字稿，再由逐字稿中抽取与本研究主题相关、有意义的内容整理成句，此部分整理后资料，即为用以探讨高龄意义论述分析的资料源。另外，诚如笔者在其研究中发现的，大多数长者之回答均隐含弦外之音，因而激起其再深入探索高龄者心理的动机，而研究方式的选择，最后更有赖于研究者个人之经验与分析能力（简春安等学者，1998）。因此，在最后进行访谈数据整理与论述分析时，对取得的资料进行下列步骤的处理与分析：

第一，以高龄者适切的高龄生涯与生活意识的重构为主体架构，以闲聊方式进行并收集研究对象生命意义的建构。不论是否与研究主题相关，鼓励受访者尽量发言，同时留意表达中语词的变异性与一致性，再由研究者自访谈内容中抽取该段话语的关键意义，进行重点句的摘录，重新组织使其较具逻辑性。

第二，撰写访谈逐字稿，同时研究文本，确立研究问题。转录研究者与访谈者的对话内容，目的是希望能够更清楚地记录访谈过程，同时在誊写过程中，对于有疑义之处，将再征询研究对象。因为此时的文本，已成为研究对象与研究者相互交流、一种强而有力、转化为其外显行为取向的媒介，但却不是完整的透明信息，研究对象的话语如何被组织，以及其对高龄意义的建构，都在此文本中,故需深入理解,同时考虑语词转折、连贯性及其生活背景以更明确其深意。

第三,反复仔细阅读和多次重读文本,关注话语细节。根据访谈大纲的主题归纳、分类资料呈现,并与结果进行分析比较与讨论,此步骤即是辨识陈述内容和找出共有的特征(Potter and Wetherell,2006),以找出特有的表述意义与产生之行为模式的缘由,同时找寻回归研究目的的谈话与论述。

第五章　现代老人生活的描述

　　质性研究的目的,在于探讨问题在脉络中的内在意义,以少数个案探究全体,提供典范学习的重要借鉴。现今的老人表象,是一种社会制约,一些年轻时可以做的事,一些偶发奇想却可得到简单快乐的事,但到年老时,根据社会习惯很多事是不可以做的,否则会被社会论断,会被质疑是否合乎年龄。除此之外再经由长期社会化的作用,老人学会了服从与调节,老人本身也主观性地认为别人希望他那样去表现。这种情形明显的是社会因素对个体产生的影响,而非他自己所能决定,但是Erikson(2000)认为高龄需在两极挑战中找寻平衡,是阶段的接续,也是渐进的生命过程,是具有各种不同的发展可能性。因此在越来越多的电影与媒体报道中,发现随着时代的进步,可以看到有异以往更多的老人的"活跃参与(vital involvement)"表现(Erikson,2000)与生活意识的重构,也可看到越来越多老人电影的拍摄,提供不同的老人视野与议题,更有纪录片写实呈现高龄的活力。因此本章从真实呈现生活中的老人平面媒体报道与虚构老人的电影和纪录片中,探讨活跃的老人生活意识与生命意义的建构。

第一节　现实人生——平面媒体报道

根据 Erikson 在心理社会发展论中提出"活跃参与"概念(周怜利,2000),强调个体的"自我"成长,会随着年龄而发展,其心理需求与外在社会不断互动,维持着一种动态的平衡。此种动态平衡是一种隐含创造力的表现,也是一种主动的概念,更是一种自我掌控的显现。高龄者在现今老年期刻板印象中,被塑造个体人生和各种角色的"必然隐退"形象,实际上真实生活中则隐含着"退而不隐"的各种可能性。高龄者的声音,是可以也应该被大众听到的,而这些生活中的可能性,就是高龄者参与社会与社会互动的另一种方式。在有关平面媒体报道现今老人再现之真实高龄人生,兹整理如下:

一、活跃参与

(一)2010 年

陈明俊先生自职场退休后,在人生舞台上退而不休,以 72 岁的高龄拿下第 20 张证书(高诗琴,2010);开办老人日托,由老人照顾老人,彼此相互扶持(谢琼云,2010);83 岁的武范文华女士在重阳节"食神传大厨"活动上大显身手,其 93 岁的先生武宦臣则于台下拍照(喻文玫,2010);34 位老人家总岁数高达 2472 岁,经过八个月的学习,在志愿者协会辅导下举办了"72 梦想书画展"(洪慧瑜,2010);74 岁的詹明捷和 71 岁的林惠美夫妇退休后携手做义工(蓝凯诚,2010);78 岁导护奶奶江杨玉英女士三十年如一日地守护学童安全

(谢蕙莲,2010);94 岁的邓有才先生因担任义工 15 年而接受嘉奖,领奖时仍能灵活地表演舞蹈("中央社",2010);2010 年举办的"金龄超级偶像大赛",93 岁的戴绮霞女士以"霸王别姬"一举夺冠,99 岁的赵慕鹤先生以 98 岁高龄取得哲学硕士学位,于此竞赛中则以"鸟虫体书法"拿下亚军,季军则为以山地舞表演,而 94 岁的邓有才先生、77 岁的王丁钦先生与 79 岁施朝养先生于才艺总决赛中并列第四名(罗冲印、郑语谦,2010);79 岁的杜聿珍女士于服务的启聪学校退休后,转而以手语助人,继续贡献一己之力,2003 年获得杰出渔民的 72 岁林连宗先生,允文允武地如诗人般游唱,协助渔村转型成观光景点(郑语谦,2010);70 岁陈素琴女士长年来促成多件婚事,其最大的乐趣是收到喜饼而非红包(邱瑞杰,2010);傅碧珠女士以 80 岁的高龄就读体育大学体育推广学系(谢亚璇,2010)。

(二)2011 年

高龄 99 岁的黄烟女士满腹的四句联吉祥话,常能随机应变帮新娘子解围,直至 91 岁才不再担任喜婆(程炳璋,2011);83 岁的郑巫娇娘女士乐此不疲地每周乘车去担任义工(李锡璋,2011);82 岁的鲁飞先生以自学的流利英语唱京剧(庄亚筑,2011);87 岁的林李金德先生曾因中风无法言语,但却能将跳舞当成复健,跳出另一个人生舞台(翁祯霞、潘欣中,2011);66 岁的姜素星女士,40 岁开始从中学补习班念起,从 2011 年起三度参加大学指定考试,她认为"念书让生命更精彩,也比别人多一份体验"(邱绍雯,2011);96 岁的左金三先生 95 岁开始学习计算机操作,一字一句敲出 5 万多字的回忆录(陈清芳,2011);29 位平均年龄 75 岁的老人组成"不老骑士二班"完成"东海岸追风梦"(卢太城,2011);一位 76 岁的奶奶,每天仍能爬两小时山路叫卖猪肉(蔡志恒,2011);72 岁的邱丽女士至澳大利亚探亲,意外谱出黄昏恋(林宛谕,2011);70 多岁黎氏夫妇坚守有机水梨园,果园对他们而言已非事业,而是终身的志业(朱慧芳,2011);一些村里的老人,以跳民族舞的方式舞出对生命的热情。

(三)2012 年

高雄县旗山乡周添宝先生逼真的"捡肖影"画作,作品传神如新(张进安,2012);"不老的好奇宝宝",黄秀英以九旬高龄,认真参与生活(周静芝,2012);70 岁蛋农李新强先生,希望能一直卖"幸福鸡蛋"回馈社会(汤雅雯、李承颖,2012);蔡顺进先生职场退休后,于 83 岁与办个人第一次油画展览(郭安家,2012);91 岁蕉农柯金吉先生,85 岁才开始学计算机,凭借毅力希望成为年轻人的榜样,考取微软证照(张进安,2012);92 岁赖荣宗先生世代务农,但因果贱伤农,于乡内首开风气之先种蓖麻树和麻疯树,他说:"只要心怀希望、勇于创新,人生到 90 也能开始"(高堂尧,2012);96 岁的陈进生先生仍老当益壮地为民服务(刘婉君,2012);76 岁的李蔡妙花女士希望在她有生之年做有意义的事,于其生日当日,将她与其老伴 20 年的存款捐出修建老人照顾中心,希望给当地老人有一个完善、快乐的活动空间(联合新闻网,2012);百岁徐有德先生与其年届七旬之三个儿子,一家和乐生活(周宗祯,2012);68 岁黄松明先生爱唱歌,靠自创口白唱赢年轻人(吴政修,2012);85 岁张梁荫女士获新竹市政府表扬杰出义工,她说:"可以帮忙煮饭服务大家,我不但不觉得累,心里反而觉得高兴不已,只要其他义工同伴不嫌弃,我决定做到动不了的那一天。"(陈维仁,2012);73 岁的"茂伯"余丰茂先生,人称"爷爷级的大力士",退而不休常跑山区接送病患,他说:"只要还能走动,还有力气,就要服务下去。"(周宗祯,2012);83 岁的郑吕月娇与王春菊婆媳一家四代长期担任义工为人民服务,他们说要一直做下去(邵心杰,2012);90 岁的吴何翠暖女士,18 年前开始学识字,她说"读册足趣味!(闽南语发音)"(徐如宜,2012);82 岁的谢吴京女士,是草编达人,六年前考上街头艺人证照后,每到假日便外出表演编草鞋秀(吕筱蝉,2012);71 岁范姜久雄先生虽曾中风,但他仍致力于语言教学(杨德宜,2012);104 岁陈菊英女士因为"趣味"学手语,用自己的节奏"比出歌曲"(杨濡嘉,2012);80 岁的蔡镜辉先生坚守二手书局老书魂(吴昱玟,2012);30 多名平均年龄超过 70 岁的义工轮番投入,让垂死植物起死回生,为小区美化尽一份心(张念慈,2012);七旬夫妻许咏清先生与张钰雯小姐分享做义工的心情,他们说:"能够服务别人是幸福的事,做义工后觉得人生很有意义!"(范荣达,2012);83 岁林裕祥先生坚守制作土砻传统技艺,手工承制虽然繁琐,但可为文化传承尽一份心力(苏木春,2012);78 岁美籍潘莉安女士为老人养护中心的老人洗尿布 20 年,她说:"重点不是我做什么工作、而是我为什么做""只要体力许可,我要一直洗下去"(修瑞莹,2012);四名平均年龄 65 岁的"三加一"团队,自编、自导、自剪拍摄"金竹里话古今"纪录片,令人感受到生命的能量(高宛瑜,2010);58 岁才去念硕士,现已 70 岁的刘良英女士酿一手好醋,并用醋成就了自己的事业(翁祯霞,2012);70 岁沈谢也好女士,用丰富的想象力,创作菜瓜布制成的各种动物、器具(蔡维斌,2012);88 岁"海爸"陈清江先生,精通多种乐器,他说:"88 岁还算年轻,重出江湖觉得很趣味"(游明金,2012);72 岁老农夫蔡振明先生,人称"阿明伯",用稻子种出家乡的"读册馆(闽南语发音)"(陈泛瑜、张书铭,2012);79 岁黄承祧先生希望趁自己还有点体力时,能把南管这种最美、最传统的乐音及教学经验传承给年轻一辈(林宛谕,2012);陈绸女士带领一群资深义工做粿义卖,十元、二十元积累的经费筹建少年家园,她说"我只是挂名的,各位才是少年家园的催生者。"(佟振国,2012);78 岁的张承甫先生在自家门前挂起"欢迎门前停车"广告牌,他希望能由自己做起,带动社会风气,发扬牺牲奉献美德(杨孟立,2012);76 岁的许奶奶不因自身的不幸遭遇而怨天尤人,她说:"感谢上天让我活着,才能照顾其他人"

（高宛瑜，2012）；86岁张来富女士拿出存了45年的红包，捐购救护车，她说："有机会帮助别人，比什么事都开心"（蔡育如，2012）；92岁邓季春女士身体力行帮助别人，获市府颁发的绩优调解人员奖（洪敬浤，2012）；2011年成立的"不老棒球队"，从怕球、躲球到现在已能接能打，活出生命的另一种趣味（游振升，2012）；81岁"棉花婆婆"廖菊妹女士是当地目前唯一会采收棉花、做棉线、织传统棉衣的人，她慨叹年轻人没耐性，手艺恐怕失传（李蕙君，2012）；78岁赖万国先生，人称"万国师"一辈子见证了鱼池红茶的兴衰，看着"茶金"变"茶土"又变成"茶金"，他说："这个年纪还能上班，人生何求"，提醒大家要珍惜现有的成果（黄宏玑，2012）；75岁廖英琼女士将年轻生命全部奉献给家庭，到了60岁才开始习画，15年勤奋不懈，作品累计500幅，举办3次画展（苏郁涵，2012）；82岁的张唐月女士，在市场卖了60年猪肉，获表扬为当地的劳动模范（庄亚筑，2012）；95岁学员刘昌荣先生学习计算机和儿孙视讯，他表示"人要活到老学到老，只要肯学习就能为生活带来改变"（张进安，2012）；7个女儿全力相挺，让75岁刘兰娇女士一圆演员梦（祁荣玉、范荣达，2012）；70岁开始习画，医师儿子抽空陪逛画展（刘惠敏，2012）；90岁的力秀女女士，怀抱一颗服务的心，为小区美化而努力（张进安，2012）；73岁曾玉真女士退休后，考取街头艺人证，也担任义工，日前更成为背包客，成功骑着"欧兜麦"17天完成环岛（徐如宜，2012）；94岁的叶和妹女士热心青少年社会工作，她说："青少年社会工作是她与社会接轨的桥梁，与外界互动、交流变多，看社会的视野和广度渐渐打开"（陈俊智，2012）；93岁林黄劝女士3年前开始学画，自诩"追梦人"，她说："我93岁，还有许多梦想要追"；89岁的谢瓜女士和女儿则是书法班同学，日前参加长青学苑举办的成果展（曹馥年，2012）；83岁李秋冷女士看到没中奖的发票堆在一起，想到"这些废纸是否跟我一样没路用？"因此激发创造力，利用废发票编织出各种造型（陈永顺，2012）；68岁的陈顺胜行医近四十年,身为"资深人士"的他发挥影响力通过演讲等方式教他人从神经医学角度看待老化(陈惠惠,2012);90岁的单国玺先生,利用有限的时间展开"生命告别之旅"到各地演讲,以自己的故事勉励更多人(谢梅芬,2012);68岁的张妈妈砸百万疯追星(宋志民,2012);战功彪炳87岁男子杨山贵先生,即使退伍后仍维持年轻习惯天天练蛙人操(庄宗勋,2012);林富贵先生,退而不休以其法律专才,为弱势群众提供法律咨询服务(牟至佩,2012);81岁邱进先生不识字,但因奇佳的记忆力出了三本民间文学集(修瑞莹,2012);98岁的杨秀卿女士,于2010年成立杨秀卿说唱艺术团,致力推广近乎失传的民谣念歌(吴曼宁,2012)。

根据整理2010年至2012年平面媒体报道有关高龄者之真实生活(详附录一),发现三年间已超过百位高龄者在社会各个角落营造适切的高龄生活,以其一己之力有的默默奉献,有的退而不休,有的发挥创造力,以其能力、以各种不同的形式努力在与社会互动,在实践着专属于他们自己有意义的高龄生活意识。

二、老年议题:媒体的报道

新闻媒体是现今公认对于信息传播最快速的方式,信息传播背后的新闻框架无疑会直接或间接地影响阅听者的态度。故相对于前述高龄者的积极活跃参与,本研究再搜寻报纸媒体的网站数据库,时间仍是2010年至2012年,关键词为老人、高龄、老化,依内容筛选经济、医疗、福利与独居相关的新闻。整理有关此三个名词出现时,这四项议题下出现之频率,借此了解媒体对高龄意义的影响,整理结果如下:

(一)媒体一

1.关键词:老人。2010年搜寻结果计有3849则新闻;2011年搜寻结果计有 3756 则新闻;2012 年搜寻结果计有 4197 则新闻。

经济相关:2010 年 13 则,2011 年 14 则,2012 年 32 则。

福利政策:2010 年 206 则,2011 年 148 则,2012 年 183 则。

健康医疗:2010 年 410 则,2011 年 340 则,2012 年 359 则。

孤老独居:2010 年 254 则,2011 年 302 则,2012 年 332 则。

2. 关键词:高龄。2010 年搜寻结果计有 1223 则新闻;2011 年搜寻结果计有 1265 则新闻;2012 年搜寻结果计有 1462 则新闻。

经济相关:2010 年 30 则,2011 年 25 则,2012 年 45 则。

福利政策:2010 年 19 则,2011 年 24 则,2012 年 38 则。

健康医疗:2010 年 47 则,2011 年 64 则,2012 年 82 则。

孤老独居:2010 年 56 则,2011 年 46 则,2012 年 62 则。

3. 关键词:老化。2010 年搜寻结果计有 506 则新闻;2011 年搜寻结果计有 556 则新闻;2012 年搜寻结果计有 657 则新闻。

经济相关:2010 年 10 则,2011 年 9 则,2012 年 27 则。

福利政策:2010 年 6 则,2011 年 10 则,2012 年 26 则。

健康医疗:2010 年 74 则,2011 年 71 则,2012 年 67 则。

孤老独居:2010 年 2 则,2011 年 6 则,2012 年 12 则。

(二)媒体二

1. 关键词:老人。2010 年搜寻结果计有 2326 则新闻;2011 年搜寻结果计有 1649 则新闻,但 1—3 月因无法查询,故未收录。另经搜寻结果,2011 年与老人相关大多为政论,并非实际报道,因未符合本研究需求,故不收录;2012 年搜寻结果计有 2164 则新闻。

经济相关:2010 年 25 则,2011 年 23 则,2012 年 18 则。

福利政策:2010 年 102 则,2011 年 82 则,2012 年 75 则。

健康医疗:2010 年 137 则,2011 年 118 则,2012 年 104 则。

孤老独居:2010 年 170 则,2011 年 119 则,2012 年 162 则。

2. 关键词:高龄。2010 年搜寻结果计有 1036 则新闻;2011 年搜寻结果计有 1019 则新闻;2012 年搜寻结果计有 1067 则新闻。

经济相关:2010 年 24 则,2011 年 26 则,2012 年 21 则。

福利政策:2010 年 16 则,2011 年 22 则,2012 年 18 则。

健康医疗:2010 年 40 则,2011 年 44 则,2012 年 35 则。

孤老独居:2010 年 32 则,2011 年 40 则,2012 年 37 则。

3. 关键词:老化。2010 年搜寻结果计有 380 则新闻;2011 年搜寻结果计有 455 则新闻;2012 年搜寻结果计有 491 则新闻。

经济相关:2010 年 33 则,2011 年 24 则,2012 年 31 则。

福利政策:2010 年 19 则,2011 年 24 则,2012 年 27 则。

健康医疗:2010 年 40 则,2011 年 18 则,2012 年 23 则。

孤老独居:2010 年 10 则,2011 年 6 则,2012 年 12 则。

(三)媒体三

1. 关键词:老人。2010 年搜寻结果计有 1661 则新闻;2011 年搜寻结果计有 1803 则新闻;2012 年搜寻结果计有 1944 则新闻。

经济相关:2010 年 48 则,2011 年 31 则,2012 年 42 则。

福利政策:2010 年 105 则,2011 年 95 则,2012 年 95 则。

健康医疗:2010 年 93 则,2011 年 32 则,2012 年 155 则。

孤老独居:2010 年 110 则,2011 年 134 则,2012 年 182 则。

2. 关键词:高龄。2010 年搜寻结果计有 889 则新闻;2011 年搜寻结果计有 875 则新闻;2012 年搜寻结果计有 1,023 则新闻。

经济相关:2010 年 10 则,2011 年 16 则,2012 年 25 则。

福利政策:2010 年 16 则,2011 年 20 则,2012 年 21 则。

健康医疗:2010 年 7 则,2011 年 20 则,2012 年 30 则。

孤老独居:2010 年 17 则,2011 年 14 则,2012 年 11 则。

3.关键词:老化。2010 年搜寻结果计有 231 则新闻;2011 年搜寻结果计有 319 则新闻;2012 年搜寻结果计有 349 则新闻。

经济相关:2010 年 18 则,2011 年 22 则,2012 年 17 则。

福利政策:2010 年 5 则,2011 年 8 则,2012 年 2 则。

健康医疗:2010 年 34 则,2011 年 31 则,2012 年 38 则。

孤老独居:2010 年 5 则,2011 年 9 则,2012 年 14 则。

(四)媒体四

1.关键词:老人。2010 年搜寻结果计有 683 则新闻;2011 年搜寻结果计有 714 则新闻;2012 年搜寻结果计有 583 则新闻。

经济相关:2010 年 16 则,2011 年 16 则,2012 年 13 则。

福利政策:2010 年 15 则,2011 年 16 则,2012 年 22 则。

健康医疗:2010 年 35 则,2011 年 36 则,2012 年 45 则。

孤老独居:2010 年 22 则,2011 年 32 则,2012 年 28 则。

2.关键词:高龄。2010 年搜寻结果计有 500 则新闻;2011 年搜寻结果计有 488 则新闻;2012 年搜寻结果计有 508 则新闻。

经济相关:2010 年 10 则,2011 年 18 则,2012 年 21 则。

福利政策:2010 年 7 则,2011 年 4 则,2012 年 8 则。

健康医疗:2010 年 26 则,2011 年 27 则,2012 年 28 则。

孤老独居:2010 年 5 则,2011 年 10 则,2012 年 9 则。

3.关键词:老化。2010 年搜寻结果计有 212 则新闻;2011 年搜寻结果计有 255 则新闻;2012 年搜寻结果计有 237 则新闻。

经济相关:2010 年 3 则,2011 年 5 则,2012 年 3 则。

福利政策:2010 年 0 则,2011 年 1 则,2012 年 3 则。

健康医疗:2010 年 22 则,2011 年 23 则,2012 年 26 则。

孤老独居:2010 年 1 则,2011 年 1 则,2012 年 1 则。

根据上述新闻报道整理,研究发现与高龄者相关之议题很多是为"特殊时间之事件议题"。例如,在我国农历春节前后,则"孤老或独居老人"出现频率异常的高;在重阳节前后则为各界办理老人活动的高峰期。此外,在日常报道则以健康医疗或长期照护或安养中心为最常见之报道。另外,在特定议题之相关性发现,相关高龄议题,大多着重在中高龄失业问题,老化则通常与社会人口结构报道相关,最常出现人口老化这四个字,下一句少子化则常伴随着人口老化议题。研究表明,老人在特殊节日或事件才成为主角,但是这些相关议题无形中却有可能变成老人刻板印象的原因、使老人丧失自我意识或成为其他年龄层对老年生活产生恐惧的来源。

三、总结

在本节有关平面媒体报道之高龄者相关的议题,研究发现一个有趣的名词——"日托",此名词究竟是老人福利还是年轻人的福利?高龄者固然生理退化是不争的事实,日托美其名曰是让高龄者能有一个安全的环境,但在福利政策媒体报道中出现的频率过高,是否会诱发其他非老人对高龄者的负面印象?另外与高龄者相关报道通常会伴随着"补助""养老""免费""老人福利""提醒民众尽早规划""圆满"这些词句。原意是好意提醒尚未步入老年期的人应有准备并安排完善、适度的高龄生活,以及政府对高龄者提供的福利措施,媒体本应秉持中立、客观的态度进行报道,但可以发现的是所谓客观报道却是对于高龄生活的一种隐性威胁。

仔细审视有关高龄者刻板印象的问题,在平面媒体报道有两个方面值得思考:

第一,人口老化程度加深是高龄者的"错"吗? 生理上的老化是随时都在进行,而通常是意识到年纪这个数字才惊觉"老了",也才开始意识到突如其来的身体变化,造成心理失调,也因此产生对高龄的恐惧,故为了避免心理失调,老人成为社会负担(李菁羽,2012)与个体心理调适的借口。

第二,买房养老? 一些平面媒体一直呼吁年老时可以"圆满",要大家提早准备。但准备的方向,却只朝向报道存款总额、试算应准备多少费用等经济议题。固然健康和经济是老年期最受到关注的议题,但这些语言,其实都存在潜在的恐吓,并加深对老年生活的歧视。

另外,在人口结构中"少子化"的问题,不光只是一个社会现象,对未来的经济发展更存在关键性的不利冲击,这些社会现象环环相扣,但都是将高龄者污名化的原因之一。研究也发现,不论在何种议题与高龄者相关的报道皆隐含经济问题,且以经济问题为主轴。社会注重效率与外貌,让高龄者"边缘化",而社会上的"敬老"往往只是要求他们按照年轻人的想法生活。有鉴于人口老年化的加深加剧,2012 年 11 月新闻媒体开始出现一系列探讨"老年歧视"与"老人刻板印象"的专题。然则,在相关报道中,老人再度、不意外地被视为年轻人的麻烦与负担。事实上,观念上的转变需与时俱进而不是找捷径或找替罪羊。在亚洲,日本高龄化相当早,也相当严重,不过这几年日本出现"创龄"一词,代表以不受限的精神年龄,正面思索人生课题,坦然面对老年,继续筑梦、追梦,开创充满挑战的人生。其实退而不休,老了是会中用的,老了不中用是传统对高龄者所建筑的刻板印象。因此每隔一段时间人口高龄化的现象,就会被当作严重的社会问题出现,而且是存有负面观感的方式出现。

反思中华传统文化下老人的形象与西方长期以来对老人的相关探讨,不难发现老人正面能量正通过各种渠道传递出来。站在尊老、重老的立场,扪心自问高龄者也曾为社会付出,年纪大了,只是身份变成老人而已,还是具有独立意识的个体。因此预约金色的高龄,建构高龄生活意识,选择我想要能适当支配的生活,充实而健康,没有年龄歧视,只是行使国家赋予的公民权而已,不应该也没有理由被剥夺。更何况 Marian Diamond(1978)更指出老年期的大脑,会因丰富的人生历练刺激大脑而产生意想不到的创造力(Erikson,2000)。从这些"活跃参与"实例的老先生与老太太告诉我们:"不管我的年龄为何,我只想要充实自己,快乐且有意义地过完有生之年,并尽自己能力贡献社会,将一生所学经验分享给周围的人(傅碧珠,80 岁)""念书让生命更精彩,也比别人多一份体验(姜素星,66 岁)""我虽然中风,但是不老舞台我一定要跳上去(林李金德,87 岁)""坐上重机这个梦想,我想了一辈子,今天我完成了(陈朱杏,68岁)""我从没想过七十岁还能找到第二春,而且嫁给外国人(邱丽,72 岁)""只要能贡献一己之力为大家服务,我都愿意去做(杜聿珍,79 岁)""化好妆、着完服,我就忘记我的年龄了""人生没有困难,就是一直学习,一直进步,也就不需要克服(戴绮霞,93 岁)""人生八十才开始,我只是十几岁的小毛头呢!(邓有才,94 岁)""能为大家带来快乐力,自己也找到快乐泉源(吴福泰,68 岁)""千万不要觉得自己老,有病痛要定时检查(范文华,83 岁)""人要活到老,学到老,就算退休了,也要继续精进。他说,读书有三大好处:活化脑筋、增加知识及消耗热量减肥(陈明俊,72 岁)""做义工当休息,只要为社会多奉献与服务,心里就会安定有收获(巫娇娘,83 岁)"。邱进先生说:"不识字也能出书,真高兴",这是对自己人生的肯定。年纪加总逾千岁的林边"阳光不老棒球队",有人动了心脏手术,有人已经是"阿祖",但他们说:"就算跛脚,只要还能动我就要上场"(张进安,2012)。这些活跃参与、认真生活、充满创造力、退而不休的高龄者,通过自身的努力,在老年期成为可能成为的自己,建构高龄生活意识,创造充满活力的高龄生活,都在告诉着社会与我们

"老,其实并不那么可怕";这些超越生理限制"活跃参与"也在证明"老人是活着的""是有活力的"。故而对于现存诸多老年期的负面印象,是我们对于未知世界的恐惧。高龄世界,其实也是可以多姿多彩的,其实也是可以圆梦、可以有梦想,也是可以以自身之能力对社会有所贡献、有所付出;高龄者也想为提供一己之力而努力,而不仅是社会的附庸或者是年轻人的包袱。现在的高龄者只是缺乏社会其他阶层的理解,以至于产生不适切的印象,这些真真实实的小人物,实已为高龄生活意识之可能性与多样性,开启了另一种思考模式。

常言道:"活到老,学到老",上述这些小人物,为高龄人生开启一个新的篇章。他们为自己的高龄期添加新的生命力,从预备到学习,从学习获得成就感再产生动力,动力增强再为下一个目标做预备,如此预备—学习—动力一直不断地循环,他们成为高年级实习生的最佳典范,并为适切的高龄生涯用实际行动做了最佳解释。

第二节　老人电影——戏如人生的诱发性文本

艺术作品是反映人生的另一种真实,可以指引生命的真理,可以呈现社会共同公约与牢固的价值观,充分反映出对个体的行为控制与时间的规划,甚至影响态度与气质的培养(Erikson, 1978)。Bruner(1998)认为叙事中的现实,可以透过对比来理解(Bruner, 1998)。在上述立论的观点下,本节运用电影文本来诱发老人高龄期自我生活的积极意识。

一、《野草莓》(Smultronstället)

1957 年由瑞典英格玛·博格曼(Ingmar Bergman)编剧与导演的《Smultronstället》(中文译名:《野草莓》)。描述主角 Isak Borg 教授于 79 岁高龄,因行医 50 年而获颁荣誉学位。故事内容即描述主人公前往领奖 24 小时旅程前后发生的事,以及其中出现的梦、回忆等。在这段旅程中,如同 Erikson(2000)提出的老年阶段发展任务与挑战,主角不断地从他的回忆与梦境中发现自己,一开始他形容自己是冷酷孤僻的人,一生勤勉工作,不喜欢形式化的社交活动,导致他的初恋女友另嫁他人,这是他心中长期以来的遗憾。而他冷漠理智的性格也使婚姻生活不幸福,甚而影响到其小孩的婚姻,一直照顾他的女佣人,也受习惯控制,不喜欢随意改变计划,二人常因生活琐事而意见不和。

剧中主角虽然很少与人往来,但不代表对周遭人事物没有感觉。比如在旅程中的过客与事件:三位年轻人、一对夫妇、顺道拜访母亲、与媳妇的关系转变。在这些事件当中,借由移情作用,将自身遗憾转移,接受过去;经由生命历程的回顾,找出生命意义,并重新省视内心。故于旅程结束后,得以从容地面对死亡找到解脱,同时不再自责并得到对自己的宽容,这些可由片末主角正视自己的孤寂、尝试修补亲子关系得到例证。但同样的跟他日常生活最有密切关系的女佣人,虽想拉近彼此的关系,即使是称谓上稍稍改变,但是仍可发现,她仍是害怕改变后所引起他者的异样社会眼光。

二、《生之欲》(生きる,IKIRU)

1952 年由黑泽明导演的日本电影《IKIRU》(中文译名:《生之欲》)。描述片中主角渡边勘治——一位区公所的课长,面对日复一日机械化的工作,守着椅子耗时间活着,甚至不算真正活着,但因为被诊断出癌症,让他对生命及工作有了不同的体会。电影一开始因一个地区公园陈情申请案,再加上将近30年从不请假的主角突然请假,引发一连串事件。自此主角开始反思生命历程,从医院回来后,内心渴望亲情的慰藉,但却发现在儿子的世界里,早已无自己的位置,然后开始回忆这一辈子发生重大的事情,早年丧偶、再婚、小孩的成长,直至罹病后工作的第一次缺勤,引起别人对他异常行为的猜测。片中主角未曾真正享受过生命,虽一辈子全心为家庭付出,却忽略了自身生活,即使生病也不敢告诉家人,只能对第三者说出,不知活到这样的年纪是为什么,自觉是大傻瓜,为自己感到愤慨,于是第一次花自己的钱买酒喝,感受的却是喝着悲哀的毒酒。进而为了替自己找到生命的出口,主角随便请别人教他花钱,借此弥补生活中错过的遗憾,并教他生存的意义,但享乐的生活,却让他得到更深的失落,完全不知生命的意义为何。因此转向回归自身,正式面对并接受死亡,展开另一阶段的人生,像守护自身孩子一样,以剩余日子积极创造生命意义,完成小区公园的申请案,作为其生命意义的展现,这样的改变,同时也刺激了其他同事对于工作的反思与生命热情,虽然为期只有一天,但也发光发热。

关于《生之欲》的剧情,主角生病后受制于虽为隐性但颇具强制力的社会公约,所以不能轻易吐露,否则会被视为不满足、只会抱怨,这样的情绪导致产生对于儿子的不满;对于交友,则因社会公约需注意身份与年纪,否则容易产生闲言闲语,也对家庭其他成员造成困扰。另外其亲生儿子也受制于社会公约,只站在自身角度看待事情,完全没有倾听。一堵冰冷的墙横亘中间,导致主角感受到他是孤单的,求助无援,一直到死都没有透露生病信息,而面临亲人死亡,其儿子也纳闷为何不告诉他生病的事,这透露着年轻人对高龄者的转变,通常会视而不见。再者,另一位主角的女同事,她的活泼朝气,可以令人感受到快乐,这是主角原只想探求快乐的来源,但误会其用心。所以我们可以发现,一些不适切的印象及社会制约来源,实际上从年轻时期,即已开始被建构,但到底是没有觉悟,非得直到亲身体验才有感受,但为时已晚,苦果已深植。

三、《布拉格练习曲》(EMPTIES)

2007 年,杨·斯维拉克(Jan Svěrák)导演的捷克电影《EMPTIES》(中文译名:《布拉格练习曲》)。剧中 68 岁的主角乔瑟夫是一位平凡的老师,教书是他这辈子最主要的事,但有一天他突然发现他几乎不懂自己的学生,工作再也无法让他开心,于是他辞职了。退休后的生活,自由时间增加,刚从职场退下来,乔瑟夫自己也不习惯长时间待在家里,但好在他的内心充满了对未知世界强烈的好奇心,所以他会幻想春梦、去当单车快递员、去超市打零工、去尝试各种从前未做过的工作。对于这些举动,在他太太的眼里是异常,他的太太一直无法理解,甚至认为他先生只是不想待在家里陪她,嫌弃她老了。虽然剧中乔瑟夫打工的结果均带来混乱,他仍坚信虽然自己年纪有点大,但依旧能为城市带来贡献。所以他要漫游布拉格,而布拉格也需要他,于是城市变成他的老师,重新学习,最后在追寻的过程中发现城市最美丽的风景是他的家与他的太太。剧中同样是高龄者,却呈现出两种不同的老年生活态度,他的太太已被社会制约,被外在环境格式化,灰心的她不仅对他没有期待,同样对她自己的生活也没有期待。所以最后为了重拾与太太初恋的悸动与对生命的激情,他再次策划另一场戏剧般的热气球冒险旅程,将人生最后阶段经历转化为生命中的冒险。

片中主角乔瑟夫的乐观与他的太太是一个强烈对比,两位年纪步入高龄的老人,截然不同的生活态度。乔瑟夫不允许在人生最后的时光被淘汰出局,但是他太太则墨守社会角色,甚至在乔瑟夫工作的超市,她会因感觉到丢脸而不愿踏入。不同于这个临老不休、始终不愿从工作、爱情、冒险中退休的男人,乔瑟夫幽默地请他女儿参加讲座时留意天堂的讨论,因为如果天堂不可以工作,那他就不去了。除此他还为了保住工作而假扮主管辞退推销员,显示出乔瑟夫对工作及生命的热爱,响应到他觉得这个城市仍是需要他。乔瑟夫以他对生命的积极,改变了周遭的人,但当超市回收空瓶的小门关上,象征人际关系界面的通道也关上,当一切改为机械化后,小门关上代表一切结束,也结束了主角在工作中找到的乐趣,所以他对工作的热情就是对生命的激情,因此也离开了。

另一个对照是片中公园散步的一群老人,乔瑟夫面对高龄的态度是正面积极的生活,由他住在火车铁道旁,却能解读成:"现在可以看到火车的机会不多了",将负面事件转为正向思考,可看出他对高龄充满热情。相对的那群公园老人,自始至终向老认输,对乔瑟夫的行为始终投以异样的眼光,所以只做社会规范允许老人可做的事。而同样的与他在同一工作场所的年轻人,对待老年的乔瑟夫始终缺少耐心,甚至连他自己的女儿也认为他这把年纪还一直去找工作真是"疯"了。年轻人的反应显示出,若高龄者对周遭事物表现出年轻人认为的过度热情时,老人的行为将被视为异常,所以乔瑟夫的老婆甚至反讽式地问他:"不会想去当警察吧!"因此当步入高龄后,是否要踏出在年轻时再平常不过的一步,包含做梦、实践梦想的权利,但在老年时却成为与其他同龄者不同的一步时,这将是高龄者压力的来源与自我挣扎处。最后导演以象征手法表现,外在对高龄生活的想象是一个高龄者的框架,象征长久以来不同年龄层不知不觉被制约,到了老年期变成"想当然而、理所当然"的老年生活,而热气球之旅则是象征跳出框架的一种突破,即使人老了,也应该从不同的视野看待我们所处的世界。

四、《内衣小铺》(LATE BLOOMERS)

2006 年上映的由瑞士 Bettina Oberli 导演的电影《LATE BLOOMERS》(中文译名:《内衣小铺》),故事背景发生在一个保守的小镇,主角是 80 岁的玛塔及其三个朋友。玛塔年轻时的梦想是开一家手工缝制的内衣小铺,但婚后生活以丈夫为重,因而放弃了自己梦想,直至丧偶后,生活顿失重心,对生命也毫无热忱,一心只想等死,最后借由其他三位老友鼓励才完成生命梦想。片中这四位老太太各代表不同的典型,较保守的一位(名字为汉妮)认为老了还要追寻梦想太傻了,开内衣店会成为大家的笑柄,但后来她也为守护自己和先生的尊严跨出了一大步。另一位(名字为莉西)则认为活着就是要做梦,年纪不是用来限制的,她即使没去过美国,但她活出了自己的美国梦。第三位老人(名字为玛塔),则是忘了自己还有梦,当动力被诱发后,她的能量就被启动,她要重新掌握自己的人生。最后一位是前主委夫人(名字为芙莉姐),本以为人生就是这样了,最后也因为受到感动所以放下身段,为了朋友开始学习使用计算机,替朋友的内衣贩卖开设网络商店,也为自己人生找到第二春。

电影一开始从空桌子上的两副餐具起始,表现高龄者丧偶后顿失生活重心的状况。当玛塔借由实践梦想走出丧偶之痛,她的注意力被转移,她想要为自己做点事,所以再也不用摆设两副餐具,象征真正开始为自己而活,却没想到带头抵制她的梦想的是他守旧又固执的儿子。反思在现实生活中,高龄期常见的阻力来自家人,家人的反对通常并无恶意,反而是出于保护的想法居多。但是即使是出于善意,家人是否有权利阻止高龄者追求梦想或批判高龄者希望的人生?汉妮的儿子是个忙碌的农场主人同时参与政治事务,他是否有权利不顾父亲与母亲的感受与意愿,擅自决定要父亲离开他奋斗一辈子的土地住进疗养院?莉西为玛塔发声:"让你妈妈自己决定她自己的人生",但却招致身为牧师恶意批评,生生被剥夺了她幻想出来的成就,因而感受到自尊受损,他者是否有权利成为批判者? 高龄者不可以有幻想或梦想吗? 这些问题都值得商榷。

Brentano(1874)视意识为一种历程,是个体的一种流动,但最后会形成一种行动。在《内衣小铺》里,当权者会以社会秩序的重建及遵守来限制个体的发展,这是社会环境建立的一个大帽子,是一种控制集体意识的方式,是害怕还是畏惧失控? 但无论原因为何,谁有资格判定失控与否? 在《内衣小铺》里传达的是高龄者对自己的热情与自己对人生的掌控,想完成的梦想,永远不嫌老,来自家人与朋友的支持永远是最强大的力量,可以突破社会眼光。而舆论是人生的绊脚石,创新是需要勇气,因此个体需建立正向的社会支持网络,故而"有伴"在高龄生活扮演一个相当重要的角色,有时其重要性会超越家人,甚至扮演支持高龄者梦想实践的重大助力。

五、《摇滚吧! 爷奶》(YOUNG@ Heart)

2008 年上映,由 Stephen Walker 执导的纪录片《YOUNG@ Heart》(中文译名:《摇滚吧! 爷奶》),主题是记录"年轻的心(Young@ Heart)"合唱团彩排的过程。"年轻的心"成立于 1982 年,原先主要是表演怀旧歌曲,但是有一次一位团员突然哼出流行歌曲,让团长意识到老人也有颗年轻的心,也跟得上时代,因此整个乐团曲风大变。团员平均年龄 80 岁,成员组成从 75 岁到 93 岁都有,他们彼此可以毫无忌讳地开各种病痛、学习缓慢甚至弥留时的玩笑。他们有些戴着呼吸器练习,有些唱着唱着就睡着了,有些经过六次化疗还可以巡回欧洲演出。他们随着音乐晃动他们的身体,彼此互相扶助,共同创造成就,乐观地一起享受欢笑,一起承担老友离去的悲伤。记录者曾访问团员,团长是否是一位严厉的老师? 团员回答说:"是,但我也是很强悍的,可以应对这一切。"

他们曾经因为练不好一首歌曲而想换歌,但高龄者不服输的精神,开玩笑的告诉他们团长:"若换歌我们会开除你。"透过这些点点滴滴,其实这些高龄者,他们过得比谁都还要认真。认真地生活、认真地练习、认真地享受生活,最后记录者访问参与演唱会的听众,他们回答:"再也不敢随便说老或喊累""很开心他们可以乐在其中",这是对老年生活的肯定,也是给其他年代的人新观念的启发。

不可否认,老年期如同其他年龄层,会有各式各样的问题,甚至更多,然而伴随着高龄者他们的通常还是生理健康的问题,且一般只着重在老化。其实老人也有喜怒哀乐,也有七情六欲,也有他们的生活,只是外在环境与个人社会化的关系,习惯性地被忽略或自我隐藏。不同其他的老人电影,本片真实记录生命的衰老(成员均是年老的老人)、死亡(团员因病过世的冲击)、友谊(号称三剑客的温馨接送情)、性(只要身体健康,没有什么不可以的)、孤独(无伴侣的陪伴)、寂寞(表演与练唱的剩余时间)与乐观的生活态度(病痛没有什么,希望可以一直唱下去)。上映前本片的宣传手法描述他们是一群"脱轨的老人",但为何这些老人行为是"脱轨"呢?仔细想想,他们不过也是做一些时下年轻人会做的事——唱重金属、朋克等摇滚歌曲。他们喜欢唱歌,将生命寄托于歌唱,跨越了生理的病痛,用歌曲帮助别人、感动别人。他们觉得唱歌对身体与生活都很好,有些在与死神拔河的同时,竟然已无法识人却还能哼着歌,团员说:"在他们身上会发现没有什么可以阻止他们,唯有健康。"事实虽然如此,但他们还是在有余力时,尽量享受着生命的最后阶段,正如 Allen Toussaint 的歌曲《Yes We Can Can》其中的歌词:"是的,我们可以,只要我们愿意,没有什么不行。"在"年轻的心"合唱团里,死亡的威胁从未离开过,但纪念已逝团友的最好方式,就是继续下去,乐观与积极,其实就是高龄生活最需要的。

六、《燃烧吧！老伯伯》（War Game 229）

2010 年由亮相馆影像文化股份有限公司发行的电影,黄建亮执导的《燃烧吧！老伯伯》,描述生存游戏团队 Sky Fighter 为了准备亚洲生存游戏大赛,利用即将拆除的眷村——"光荣新村"训练。在 Sky Fighter 准备比赛与光荣新村等待拆迁的期间,无意间惊扰到还继续留守在"光荣新村"里住了数十年舍不得搬离的住户。这些经历过无数次大大小小"真正"战役的老荣民,这次不愿再坐以待毙。他们挺身而出,再度穿上军服、拿起装备成立"光荣军",正式向 Sky Fighter 宣战,以行动宣示,在正式撤离之前,"光荣新村"之尊严不可侵犯,一场捍卫家园与生存尊严的"War Game"正式开打。

从一开始的片名即可发现一些有趣处,如 War Game 229,呼应他们这群老荣民是真正经过战争;"生存游戏"顾名思义对年轻人而言是游戏,但对老荣民而言却是生存,而且只是最基本的——只是希望不受打扰的生活权。片名用"战争"一词包含的弦外之音,其实就是年长者他们的生活与生存的尊严与年轻人观念异同的探讨。单就"光荣新村"的剩余价值而言,年轻人认为那是不用经过沟通就可以直接利用,所以欧阳正认为老荣民是非法居民……继续在那里练习有什么不对? 反正都已即将拆除,尝试为自己的行为找出正当性;但对年长者而言,"光荣新村"代表着生活空间,是他们从年轻到现在仅存的、可以依恋的与过去联结的地方。单单对于空间利用的想法,即已点出不同年代之间观点的异同,因此老荣民去买生存游戏所需的配备时年轻人的反应:"老板凯吉认为老年人来买东西是给孙子用的""店员翟南说老年人是古董""老荣民挑选最新式的枪枝,翟南提醒是否要买别把并说即使买了也不会用",女店员 Jolin 则以充满不屑的眼神在旁观着这群老先生,更加凸显了年轻人对于老人的不适切的印象。另外年代观念的异同与对彼此生活观念的误解,表现在李靖(恨铁不成钢)与孙子小伍(您不懂我)的冲突中。小伍认为爷爷只会活在过去,缅怀过去的光荣事迹,而爷爷则认为小伍不知长进,每天浑浑噩噩,没有生活目标,双方观念没有交集,导致小伍与他爷爷的谈话,每次都在冲突中结束,在彼此的对话中充满着不了解与没有耐心。

本片很典型地说明了因社会的变迁、年代观念异同而产生彼此的误解,同时呈现出现在高龄者的形象,仍是建立在不适切的印象中,甚至连高龄者长期以来受外在环境影响,自己都不相信自己。所以年轻人小伍说:"你们对象就几个老人而已。"高龄者孔繁忠说:"我们大半截都已进棺材了,有什么资格,有什么力量面临突发状况……平平安安地过完这些日子。""谁能不服老呢?"姜明说:"追上去,咱们也没有这个体力。"

常言戏如人生,虽然只是一部电影,却刻画了好几种常见的老人形象。如村长李靖的固执;孔繁忠面对现实选择退让;赵汗青与姜明轻松看待高龄生涯;殷光震的冷眼旁观内心却是充满热情。这几位老荣民并没有不意识到自己老了,只是他们仍是有想法的人,想保有与捍卫仅有的,高龄者真正的想法是什么? 在此片中我们可以发现,这群老荣民他们对"光荣新村"所珍惜的是恋旧与浓厚的人情味。物质上的享受对他们而言是最微不足道的,高龄者要的也不过就是尊重。面对年轻人的"入侵",这场高龄者的生存战争,他们不以力敌而以智取,他们将力气用在刀口上。所以生理上的限制终究阻碍不了他们的智慧,如同传统中华文化下老人是智慧的象征。在经过一些冲突与事件后,最终取得了彼此的尊重与了解。因此年轻人Julia说出:"避开老人日常的生活和活动区域""每个人都有自己重视的事,而这些事情是不需要别人来认同的。"两个时代之间,开始异地而处为他者设想,年轻人抛开功利实用主义的想法,对高龄者多一点宽容与尊重;高龄者减少社会化的包袱,敢于表现自我,不要倚老卖老,或许能够减少很多对高龄生涯或老人的误解。

七、总结

电影《野草莓》里的年轻人说："我不喜欢老"；《生之欲》里的儿子说："那是父亲的老式想法，太古板了""虽是父亲的财产，但我有使用权"；《布拉格练习曲》主角乔瑟夫说："有些事现在不做，老了再做也可以！"《内衣小铺》玛塔说："为何大家都要教我怎么过生活？""不能做自己梦想的事，人生过得没有意义，好像被人拔掉了插头，没有劲"，还说："我们活着不能没有梦想，否则我们的生活会变得贫乏"；《燃烧吧！老伯伯》村长李靖说："光荣新村是我的老家……都这个年纪了，我们不能再什么都不做了……到最后要做点自己的尊严。"姜明说："把剩余价值用在战场上，那是最心满意足的事了。"这些电影里的老人都这么认为也这么说，但当高龄者尝试改变，稍一有不一样的行为，他者即视为是否身体不舒服或有问题，如影片中渡边勘治与玛塔的儿子、乔瑟夫的女儿及 Isak Borg 教授的女佣人的反应。上述种种话语令人不禁自问，高龄者最想要的老年生活何以是被他者掌控？如果认同并尊重高龄者仍是具有生活意识的独立个体，何以来自他者的限制为何又会具有如此强大的力量？然而高龄者又是否能有突破的空间？而这些问题又是否为老年刻板印象或其他年龄层恐惧变老的成因之一？众多不同角度老人电影的拍摄，实已为我们点出了值得不同年代彼此深思的问题点。

放眼中、外探讨高龄者的影片相当多，诸如《一路玩到挂》（The Bucket List）、《天使的约定》（Marty's World）、《在天堂遇见的五个人》（The Five People You Meet in Heaven）、《金盏花大酒店第一集、第二集》（The Best Exotic Marigold Hotel I，II）、《夏日时光》（Summer Hours）、《秋天里的春光》（Autumn Spring）、《老小孩》《台北的老人义工们》等比比皆是。但是"几岁了？"一种带有偏见的问法，在现实生活与电影里的情节随处可见。年轻者通常因害怕社会眼光，所以强烈表示高龄者维持现状即可，但纪录片《青春拉拉队》《不老骑士》的出现，颠覆了原本的思维，高龄者是有机会可以成为自己的，有可能体验属于自己能够适当使力的高龄生涯，高龄者也是有梦想的。他们维持良好的人际界面，而且不与自己疏离，死神的威胁，摇身一变成为他们生命的启发者，死亡的积极意义变成提醒他们要把握时间、要自我追寻、要实践想法。所以现实生活中的老人，大部分并不避讳谈论死亡，反而乐观地看待，故而当生命中发生突发事件时，虽会对生命产生怀疑，但《摇滚吧！爷奶》说："若我在舞台上倒下去，把我拖下去，继续表演，因为即使我离开了，我也会坐在彩虹的一端，看着你们，我会与你们一起。"

第三节　报道、虚构与生命意义的建构

徐慧娟与张明正(2004)依据 WHO 定义，指出"活跃(active)"意指持续地参与社会、经济、文化、灵性与市民事务等活动，非仅局限于没有身体活动能力或有劳动力参与。因此高龄者，只要有意愿，仍可依据生活状态维持活跃的生活；Erikson 等(2000)则强调活跃参与必须与环境一起探讨，观察个体如何能有机会参与特定年龄的活动或消遣。此二者明白指出有关高龄者活跃参与(vital involvement)的精神要义，故本研究要突破社会框架、重探高龄的意义、重构生活意识与适切的高龄生涯，老人的活跃参与是不可或缺的。

在本章"第一节现实人生——平面媒体报道"中，短短三年共 76 则 200 多位高龄者的新闻报道中，研究发现高龄者以他们生命历程累积的经验，不论是在技艺的传承或其他创造力的表现上，不受生理功能干扰，将他们的能力发挥到极致，尽一己之力为社会提供他们可以提供的服务，表现出资深公民可以尽的社会责任,这是这些高龄者以他们所"能"选择活跃参与与重构生活意识的模式,由他们现身说法,证明现今常见对于高龄者的不适切印象及不适宜的意义,的确需再商榷。

另外在本章"第二节戏如人生——老人电影的诱发"中,总共五部电影及一部纪录片,每一部影片中的主角,都展现出对生命的热情与韧性。虽然电影是虚构的情节,却能反映现实社会的想法,凸显出高龄者仍是有理想、仍想要尝试,只是碍于社会眼光,缺少突破的勇气,尤其阻力若来自于家人,其反对力量之大有时更令人难以招架,但此时若有同龄朋友的鼓励,则另当别论;而纪录片《摇滚吧!爷奶》的成功,更说明了社会关系的重要性,同样是高龄、同样是行动不便,但高龄者相互扶持,以群体为单位,热情洋溢,共同完成巡回演唱的理想。电影里的主角虽非真实人物,但纪录片的主角与影片的导演却是真实存在的。这些影片象征的是对于高龄期迷思的再突破,证明的是高龄者具有重构自我高龄生活意识的能力,活跃参与想法的肇始、建立与落实,必须从心理因素诱发,才能实践积极行为,以老人实际行动的表现,刺激年轻人重新审视高龄期的观念,鼓励还躲在角落的高龄者开始追求梦想。当高龄者勇敢踏出第一步时,高龄者的转变通常会让家庭成员感到不适应,但是透过电影与纪录片的拍摄,已预先告知高龄者本身及其周遭的人可能发生的挫折及让高龄者产生却步的原因,这就是影片具有之重要参考点——鼓励高龄者勇敢迈出、提醒其他年龄层别成为高龄期生活之障碍或阻力。

Erikson(2000)再指出每一种人生理论的建立,都需要一些能概括全貌的影像或架构来进行,在著名的经典研究中如 Potter et. Al. (1984), Woolgar(1980), Eglin(1979), Gusfield(1976)很多都仅论述分析单一文本而达到阐明(Potter and Wetherell, 2006)。个体是建立社会体系的重要一环,是社会体系的基础,也是形成社会体系过程中不可或缺的要素之一。个体制定规范、接受规范,最后因为规范的不适切性再破茧而出再重新制定,这是人类社会得以进步,文化得以累积的历程。现今年长者身处于年轻人所主宰的社会,年长者要融入社会现况使自己成为社会的伙伴而不是附属品,需要更多动力、勇气与智慧。"活跃参与"为高龄者提供一个有意义老年生活意识的目标,成为我所可能成为的自己,让高龄者长期累积的各种经验、技能及创意得以延续。现今社会不难发现各个角落都有高龄者以他自身的能力在默默付出与守护,体现自我圆融的生命意义,到了老年期仍保持和谐人生的完整性。这些再平凡不过的小人物整合人生前期各阶段生命周期,以智慧统整绝望、以关怀代替颓废迟滞、以忠诚认定自我角色、以勤勉能力代替自卑、以目标的设立代替罪恶感、以坚强的意志减少自我怀疑、以希望取代不信任(Erikson,2000),用合乎年龄的正面态度认清自己、肯定自我。在人类的生命进程中,不可否认生理机能的衰退是高龄期的重要表征,也是社会阻碍的主要来源,进而影响高龄者社会参与频率。但在这些再现活跃参与的高龄者身上,我们看到了生命的第二春。他们发挥潜在能力,同时在过程中表现自我,展现超强的能力与创造力,甚至超越专业的表现令人佩服。不让生理老化限制行为能力或成为借口,证明了年老体衰不等同于心智机能退化,甚至会因为环境的刺激及退休后自我时间增多而有令人惊艳的表现,让自己成为高龄期最佳的生命男、女主角。

无论是媒体报道、电影或纪录片,都只是一个触发点。研究者发现现今高龄者,年轻时期常因各种不同原因需放弃原有的梦想。但步入高龄期后,他们可以以个体、也可以以群体的形式参与社会活动,这是完完全全属于他们的时间,没有了义务与责任的束缚,高龄者的自我表现,通常是令人刮目相看。故发展出有异于前半人生精彩的高龄期的可能性大大提高,但这并非一蹴而就,仍是需要酝酿。因为生命是一个整体,高龄期生命意义的建构是对人生整体不可分割的生命经验,甚至是总结人生经验的成果展现,是个体对于记忆中经历的生活再理解,是高龄者对于生活历程的主观描述。故本研究再以生命经验、意义与生活意识为例,从访谈市井小民,真实地说明如何完成活跃参与并从中证明本研究之最终目的——老人的再现与高龄者生活意识的重构。

第六章 我的老年生活，我是男主角

常言道："戏如人生，人生如戏。"第五章从现实人生与戏剧人生探讨了现代社会的老人，现实人生着重在各地区各角落真人实事的新闻报道；戏如人生则从电影体现高龄生活会面临到的问题与阻碍。本章与第七章则以个案实例为主，访谈高龄者男性（第六章）与女性（第七章）各一名。由高龄者现身说法，直接表达身处高龄期，其在高龄期摸索的过程、对高龄者之真实想法与如何形塑高龄生活意识。从生命历程来看，相较于其他的年龄层，高龄期年纪较长、经验较为丰富，但不论哪一个年龄层都未曾有过第二次的机会，必须真正经历过、实习过，才能体会生命每个阶段的个中甘苦。所以即使高龄，仍可再以"高年级实习生"身份来经过再学习，才知如何丰富生命。故高龄之重要性，如同各种不同形式剧本里的"男女主角"，人生是他们的舞台，每一位老人都是最引人注目且是剧中的灵魂人物。

本章标题（第七章同）"我的老年生活，我是男（女）主角"，其中"男、女主角"一词，主要用以呼应本研究主题——高龄者才是老年生活中真正具有生活意识与重构生活意识能力的人物。因此以男（女）主角称之，凸显其地位与自我掌控权，强调其有可能成为我所可能成为的"自己""做自己"，我能够适当支配自己的生活并说明只有"自我"才是个人人生的主角。所以"我"既为我生命历程中之男（女）主角，"我"生活在群体中，对于外在环境，"我"就会有"我"的想法、"我"的感受与"我"的期待。故"我思"之"我"专指受访者，"我思"意指受访者在日常高龄生活时，其所曾听过周遭同龄者实际之生活情形与其内心想法之表达，并说明在接收外在信息的同时，其实也刺激着受访者之自我想法与自我期待,同时"我想"与"我思"一词也传递出"我"实际上是一个具有想法与生命力的个体的信息。是故如同"我思"之意义,"我想,我期待的高龄生活"与"我在,我以我的老年生活而存在"之"我"都仍是指受访者。"我想"主要为其对将来老年生活的想象,而"我在"则为陈述受访者如何安排其高龄生活,落实其生活意识,并在充实的生活中,学习如何建构专属其个人之适切的高龄生涯,同时传达高龄者即使年纪较大、人生经验丰富,但在其面临现今之自我生命阶段,如同其他年纪,仍是未知的领域,仍是具有很多的不确定性与发展的可能性,因为人生没有第二个老年的机会,实际上身处老年期的老人,每一位都是人生高年级的实习生。

所以本章从第一节"我思,我听过的老年生活"到第二节"我想,我期待的高龄生活"与第三节"我在,我以我的老年生活而存在"是有其脉络可循,同时具有对照的意义。一个是主角听过的,代表社会上普遍认为的高龄生活(即社会建构的结果)。之后慢慢进入主角实际经历的高龄生活,代表高龄者自我实现的高龄生活(即以叙事方式主动选择事件),借此对比现存高龄印象与高龄者心理实际需求的不同。再由第四节男女主角重构生活意识的经验提供其他高龄者参考(即从叙事中建构特有的自我生活意识),说明建立属于自己独有的高龄生活是可行的,是有机会高龄者可以重拾建构生活意识的能力,并体现何谓适切的高龄生涯,鼓励其他高龄者,重探专属自己的老年意义,营造适切的老人生活。

第一节　我思,我听过的老年生活

现今常听到有关高龄者的老年生活,常见的就是安养中心、养护所、日托或养老院的相关信息,在研究者去访谈的过程中受访者表示:"嗯……我还没有到达……到达那个地步(指需至养老中心生活)啦,不过就是我们看到或者是听到,在我们的生活周遭看到或听到一些。"考虑到何以高龄者愿意牺牲自己,离开自己最熟悉的人、事、物,到一个完全陌生的地方呢?受访者表示:"现在年轻人大家就职的情况(注:访谈主要集中在闽南地区,闽南语中有语助词),也许真的没有办法说亲自去照顾。所以有些老人就是为子女着想,他真的就是说,后来他心里面其实不是非常的乐意,可是为了子女,他还是说去住安……养……院,减少说让他的子女会觉得负担。"同时也表示真正在高龄者的内心想法是他们希望的还是子女在假日能够接他们回去大家团聚,而且时间不要拖太久,可能还好。如同所有的高龄者为子女设想的原因,受访者说:"我们现在目前的状况是说都还好,我们的体力上……各方面都还没有什么样的毛病的话,这样子是没有问题。可是真的如果有一天,……行动不便了,那或者是身体情况更糟了,需要有人照顾,那他们没有办法来,到时候可能也要……考虑啦,是不是去那个地方(指的是老人安养中心)?"由本段至此可以发现高龄者除非万不得已,真的是不想离开自己的家,离开熟悉的生活环境,甚至希望到了生活无法自理时,还是希望"能够可以请个人来这里照顾我们的生活起居的话会好一点,可是如果是真的也不行的话,到后来可能也要去养老院啦!"

在受访者的邻居(闽南语,指邻居)曾发生过这样一件事情,一位风评很好的父亲,年老后被送去养老院,父亲的费用是兄弟平分,转述者是邻居嫁出去的女儿。当女儿"第一次去养老院的时候,她爸爸被绑着,绑着哦,就是两手跟两脚都被绑着。她看到爸爸这样子,当场痛哭……,她很不能接受就是为什么爸爸要被绑在那里?她就去质询那个机构。机构回答她说:'你爸爸一天到晚要逃出去,就是把他弄进来之后,他就想尽办法要逃跑,一直逃,不知道逃几次,所以他们没办法,逃跑回来就只好把他绑着'"。受访者说:"我听得也是心里,觉得说哪有这回事",还说,"如果他女儿没有去,他就不知要被绑多久",受访者还为这个事件下了注解,"这位父亲一定很不喜欢,他一……直想回来,可能是老年人他想的就是住在自己家,可是他被……很不愿意之下,被送去那里,所以他就一直想回来""老年人大半都不想去住养老院,除非不得已。"根据研究者在养老中心的研究经验,尤其在做硕士论文的预试时,研究者第一次进入所谓高龄者的照护机构,也是被安养中心里的气氛所深深震慑。因为生活在那里的老人家没有生命活力,他们的最好朋友是电视,望着电视的老人眼神却是空洞的,高龄生活得不适应,是否成为众人害怕高龄生活的原因之一,颇值得再深入研究。

另外受访者又分享一个发生在自己家里的事。现今的家庭组成,由于工商社会的关系,通常高龄者退休后,最常见的就是帮忙带自己的孙子,但是他自己的弟媳"有一个很奇怪的概念,因为……那……那……这个爷爷都疼孙子呀!我们那个那……那……我弟弟的孩子很会读书,很乖,然后爷爷很疼他,所以都跟爷爷睡,都跟爷爷睡,爷爷就会讲故事,所以他受到很多影响"。在受访者的观念里:"能够跟爷爷住在一起,是何等的幸福啊!但是因为父亲是老伙仔(闽南语,指老人),即使父亲饱读诗书,弟媳也不让小孩很小的时候跟老伙仔睡啊,意思是会给他吸去。"观察发现坊间充斥着对高龄者各种奇怪的传闻,是因为对高龄期的恐惧吗?还是因为信念不足所以害怕。然后因为害怕,所以不自觉对高龄生活充满着各式各样负面的想象,积非成是,造成了现今对高龄的不适切意义。事实证明,这个孙子后来也都是受爷爷影响,很会念书,后来一路都很会读书,爷爷爱读书也会影响他。受访者一直非常强烈表示:"这个观念我就不能接受,奇怪呢,可是你看,有哪个妈妈就有这个概念。那是我们以前从来没有想过的,怎么会有说不跟爷爷睡的,是自己的亲人耶,很奇怪,怎么有人会有那种不知哪来的这个概念。"并重复地说:"我们想说孙仔(闽南语,指孙子)和爷爷睡是有何等的机会,妈妈竟然说有点反对,好好笑。"由受访的高龄者口中说出"很奇怪"与"好好笑",点出了在日常生活中,因不了解或长期以来接收错误的信息,故对老人产生一些不适切的想法。

第二节　我想，我期待的老年生活

人类因有梦想而伟大，一沙一世界，平凡的人也可因渺小的理想而伟大。虽然已是步入他者定义的高龄："不过照我自己觉得，如果有一天生老病死是一定不能由自己的。就是说，老，你就接受他，那病的时候，没有人希望自己病。病得如果很严重的时候，我们也没有办法去怎么样，无可奈何，不过我们是希望说如果老的时候，能够尽量自己不要怎么样，或者是比较……好的那种安养机构，有好朋友，又可以运动，可以下棋，可以唱歌也好，这样子可能比较好。"老有所终是礼运大同篇的理想，但因现在是工商业社会，生活忙碌："子女他们有他的不便嘛，他有工作或什么的，你要……叫一个来照顾你太浪费了。所以就可能就是说要在那样一个比较好的机构，然后他们定期来，不要太久，有聚会，这样就好了，比较好。但先决条件，还是身体照顾要好一点，其实住在那里面，身体情况还好的时候，这些都可以来，你要参与什么活动呀，学习呀，这样子会比较快乐。"就受访者而言，期望中的老年生活，仍是以家庭团聚、疼爱子女为主要想法，希望不要因自己无法抗拒的老化问题，造成子女负担。

其实，普遍而言，高龄者的物质欲望并不高，高龄者较重视精神层面慰藉。所以受访者提出："我倒觉得一种也很理想的方式啦，我们天天，经常说从这里，这条路下去，经过桂林脚（当地地名，音译）要去斗六。然后我们经过桂林脚那个地方，有一户……住在路旁，传统式的建筑，有那个那个走廊、回廊。每次经过都看到很多老人家聚在那个地方聊天，那个地方也可以晒到太阳，也都看起来也都蛮老八十几岁，七八十岁这样子。在那里也是聊天也是聊得很高兴，那大概时间到了，午餐时间到了，他们就回去吃饭，然后下午有空，当然睡个午觉，又出来聊天。我觉得这样在同一个部落里面，老人自动在那个地方聚会，这样子好像也是很好的一个方式,都是熟人、邻居、朋友、有伴。不过那个也是身体有办法走到那边哦,我们看的都是走的,没有是说要去推轮椅的去的,还是要行动的,有一天行动不便可能生活质量就会下降了,对……对……对。一直想到是说,有一个非常,心里非常期待的就是说善终。善终就是说你将来有一天,你再不是说有特别、很久的病痛,就是说突然间就走了,没有特别的病痛去拖累你的子女,或本身没有长时间受病痛的折磨,哦,这样是最理想的。"受访者提出他理想中的老年生活方式——在地老化,正好呼应现今高龄政策走向,也符合研究者于硕士论文提出来的——照护机构小区化,唯一区别在于一是健康老人,一是生理退化之老人。

借由本文受访者,我们发现安土重迁、落叶归根典型中国传统文化的观念,在高龄者身上,尤其深植。家仍是每位高龄者最希望在高龄期生活的地方,或许当老了、病了、自主权没了,种种情势下被迫离开家园,但是借由这位受访者的现身说法,我们仍期许能让每位高龄者在家安养,让高龄者的梦想,因为自我实现而成为现实。

第三节 我在,我以我的老年生活而存在

既已身处于高龄期,与高龄相关的议题,因为与切身有关必然会相当关心,受访者提供了他的老年生活情况。

一、生活与旅游见闻

去日本旅游时,他们看到当地"老人家很老了,他们假日就一起出来。有些就是推轮椅,为他们办户外的活动,一个人照顾一个人,不过看起来好像也

还不错,那些老人家能够在一起聊天,身体上也还好,也没有什么插鼻胃管的这个情况,这样子其实也还不错啦,总比说孤孤单单……的要好。"在全世界的老人热潮中,日本也是名列榜上的长寿之国。受访者在日本的参访经验中提出了一个很重要的议题——心理健康。高龄者的心理健康通常是在各领域的研究中较容易被忽略的,相较于儿童,我们总是以较忽略的态度来对待高龄者,而且也较没有耐心。研究推测可能因为他们是成年的老人以及可能是自己的长辈,所以大部分的成人会怀有对长辈尊敬与畏惧的心理,同时认为这些高龄者已经成人,所以知道自己要什么,故会选择性地忽略需求。

另外受访者表示在他们的日常生活中关注老年期:"听很多看很多啦。我们从出去外国去看,或者是说从影片上,或者是公视上会报的这些老人的问题的,然后我们也看很多朋友,他的儿子跟他,或者是说老一辈的跟更老的那个这样子的关系,长久这样子观察下来。虽然自己也会慢慢感觉到说现在是没有问题,可是将来总是有一天,如果有一天,是自己行动不便的时候,身体状况比较虚弱的时候,可能也是要会碰到这样的问题(指的是生理老化的问题)。"就生理退化的层面而言,行动是否自如,是影响高龄者生活质量的一个关键因素,研究者进一步询问是否会很担心身体衰退的问题,受访者说:"……担心倒还不会,现在目前还不会啦!"

二、义工生活

常见高龄者的生活有带小孩、当义工、园艺、打扫街道或小区等服务性的工作,其目的不外乎希望为这个社会贡献自己的心力。受访者认为虽然在四个地方服务,但并不会占用他的生活,并开玩笑的说:"嗯……还好,占用的时间可能会影响到这些农物啦!基本上这四个地方是一年一年安排,一年大约6天左右,现在溪头改变他的执行办法,可能要8天,其他都6天,至少啦!如果少一个少一次就会被除名这样子，所以我之前你喜欢当义工，也就不考虑说什么几天，因为我们常常去嘛，就不会有这个问题。"在这段文字中，呈现出受访者对生命的热情与珍惜可提供服务的机会。受访者再举例："譬如鸟园，我们几乎每个月都会去一天，溪头每个月也都会去一天，那惠苏林场他是排定的，是四个月排 2 天，那一年刚好 6 天就够了。"所以即使义工服务的地点距离他的家实际上是有一段不短的距离，服务时间的要求也不低（指的是不能缺席，缺席会被取消义工资格），但他们仍达到全勤的资格要求，主要就是因为："喜欢大自然，前提就是喜欢森林，再来就是强迫走路，因为那个解说都要带队的，还有就是说其实蛮喜欢这个就是说有一种我们这个喜欢大自然的心。希望影响这些游客，来爱我们这个大自然，不要破坏他，主要的观念是这样啦，因为退休了嘛，至少做一些能够奉献社会的事情。"在后续的访谈中，研究者发现，之所以会选择在与大自然的相关的游乐区担任义工并非偶然，主要是兴趣影响。因为受访者："以前是交友鸟会是很久——交友鸟会，都会一起去赏鸟，就是老鸟带菜鸟，所以这样子慢慢地了解，不过也是因为基于喜欢，很喜欢。"除了个人喜好之外，朋友的影响也很大："鸟人会的义工其实影响我们很深，他很会带，很会带我们的心。"研究发现在高龄生活中，有时志同道合的朋友的影响力，甚至超越家人，主因"有伴"。当有伴之后，可以克服陌生环境对心理造成的压力；有伴也给予当事人增强勇气去接触新事物；有伴的"伴"让同龄者可以以同龄的语言沟通，彼此亦较能相互体会感受。

成为义工服务他者，同时也丰富了受访者的生命意义，在义工服务的过程中："那其实我们比较喜欢的就是说在带队当中，等于说那些游客，他们都会跟我们互动。他们的人生经历，现在我体会到一个解说一个很好的一件事情，就是说，你会受到游客感动，有时候就是尽量让游客讲。"在与游客互动的过程中，其实彼此也分享了生命历程，如："这次我去溪头带一团老伙仔，拢就老耶（闽南语，意指非常老），可能七八十岁有哦！他们都不会走很远，那个导游也是说走一段就可以了,结果就……到大学城,我们就带他们到大学城。结果短短半个钟头距离当中,哦,他们很好耶大陆游客。然后每一个都会跟我们觉得说他很感动,我们也会说故事给他们听,你在跟他们在这互动当中,可以知道说他们很感动,而且很开心。他觉得说来这里好好,好好这样子,这个也就是我们去解说一种比较蛮感动的,有时候我们是被游客感动。而且很多经验可以教我们,有时候好像他也在教我们这样子,很不错啊,一种跟人那个激荡很不错。"上述这段文字,呈现出一种与人互动微小的幸福感,受访者付出些许的时间与体力,却得到回馈的感动,这是人与人之间,尤其高龄者自职场撤离之后,以不同的形式,建立自己的社交圈,如同研究者之前在做高龄者休闲治疗时,借由动物的媒介,建立共同的话题,引起谈话动机,搭起高龄者彼此交谈的桥梁。

另外受访者除了在景区担任义工之外,他们也为所居住的小区服务,延续年轻时的志业。"其实我们以前在华山我们也是推生态,就是说我们自己喜欢嘛。因为华山曾经当华山在校长,这个地方生态这么好,就是要推展,所以我们都带小朋友小区活动课程,我们都带小朋友去走步道,那我就会带着他一直解说,然后小朋友就是接受熏陶,后来小朋友就是带着解说。"

由上述的访谈可知,在受访者的生活当中,义工绝对不仅仅是"义务的工作"而已,不论是在生理或心理,都是占有一席之地,而且在他们的生活重心中,不仅仅是付出也是继续学习、与外界接触的动力来源。

三、读书

一位好的义工解说员,除了口才之外,相关知识也需有一定的程度,才能引起游客共鸣。就担任义工这件事而言,对受访者而非仅贡献一己之心力,还包括高龄者创造自己的价值与被需求感,连带地增强学习动机。与受访者初次见面时,研究者观察到他们对植物、鸟类知识很丰富,受访者也表示很喜欢这些事物。曾询问是否进入老年生活后因担任义工需求才开始阅读相关数据,受访者举例"譬如赏鸟要买野鸟图鉴,买一些有关赏鸟的书;你对植物有兴趣,我们也是买一些植物的书,我们服务的那些机构,他们也会发一些有关植物的、动物的、昆虫的都会有啦,所以你去当义工,你本身都还要去进修才有办法去解说。看书、跟我们的义工朋友请教,有些很厉害,还有研习,像鸟人每个月都会办研习,那个是最好的,但也还是要有书啦!"另举溪头的植物为例,"全部针叶林很多,针叶林对我们来讲就是陌生的,跟家里阔叶林区别很大,陌生的东西,我们就要从头去学要去认识他,就要看书啊,买书啊!"

施比受有福,"担任义工"这件事对受访者而言,受访者认为收获比付出还多,不仅有共同的话题、维持社交圈也扩展了个人的见闻与生活领域。受访者说:"每个月的读书会,他都会固定去买书,然后就大家一起研读。他在看一本书,我就跟他拿来看,他们都有划重点。我就跟他借来看,这个书对我来说也是我是觉得很好,因为我不懂得里面很多,所以我都会做笔记就这样子。"借书、请教、分享,在这次的访谈中,对于担任义工这件事的看法,高龄者与年轻者的想法大相径庭。一般认为,义工是高龄者老了无所事事、时间太多,所以找个事情来做,但对高龄者而言,却是延续社会角色、增进学习动机,与他者交流的一个很重要的桥梁。因此,对于老年期生活,确实有必要再多了解高龄者的想法,并且增进不同年龄层的交流,以避免误解。

第四节　我是男主角

人老心不老,外皮蓼蓼,内心还好。

（男主角,2015）

一、基本资料

性　　别:男

年　　龄:70 岁

教育程度:大学

家庭成员:妻女(63 岁)、二女一男

职　　业:教师

经济状况:自述过得去

二、年轻时代的影响

高龄期的生活态度,并非说变就变,而是与早年生活经验息息相关:"基本上工作都很认真,感觉好像所有一分一秒都是给学校的,没有自己的时间。"但是"我们都是庄脚囝仔(闽南语,意指乡下小孩),喜欢大自然"的心未曾改变。

成年期普遍生活重心都是在工作与家庭,受访者职位升迁,一路由教师、主任到校长。当面对的沟通对象不同、肩上的责任加重，观点与可以做的事也不一样："有的人说你换个工作像就换个脑袋，其实也不完全是说，就是说你很现实换个工作就像换个脑袋。比如说你高升了以前讲的就都不算了，有时候不是这样。你没有达到那个地方你不晓得说你该面对的哪些话，你该讲还是不能讲。以前譬如说你当最下层的时候什么话都可以讲也没有关系，因为没有说你讲话要去负什么责任，等到你有一天在那个位置的时候，你话就又不能乱讲了。所以会不一样啦。譬如说当老师的时候，你就很认真的把学生教好，教学生也是有乐趣啊，比如说直接有带学生（意指带班当主任），譬如说到现在，都毕业了三十几年了，他们有的时候会找我去开同学会，也挺感动的。"

受访者一直坚持初衷，他认为教书很好。学校其实是一个园圃，老师就像一个园丁可以经营，当主任与校长，可经营的范围更大而已，并无心态上的区别。"主任主要的工作是校内行政，然后后来是考校长之后，让我觉得是说当校长跟当主任或老师特别不一样的，就是说你当一个主管，一个学校的主管，你就是要带领着学校，带领着大家往哪个方向走，有什么样的校长就会有什么样的学校这个确实是真的。因为你在学校待几年之后你会看到什么地方应该要改革的，这个地方的硬件建设环境啊怎么样去来美化跟改造它。"因此当访谈结束后实地走访受访者耕耘 8 年的小学，实地感受氛围，如同受访者非常自豪地表示"8 年之后真的整个学校都脱胎换骨了"。这并非一蹴可及的，8 年间"那是逐步规划的啦，譬如说一下子也没有办法解决那么多经费，可是这个地方看起来又不整齐、不舒服、不漂亮，那我们就慢慢争取经费，就把这个部分把他改善好"。所以"当校长可以这样，我看到什么地方我想说要改变一下，然后去走动看有没有死角，然后就争取经费我会完成他。一步一步的这样子把学校，把他变成我们想要的那个学校""这个是当主管所特别不一样的地方，当然影响也会比较大。你当老师你就是管好自己的一班。你当校长你就要照顾到整个学校跟让整个学校的气氛、整个学校走的方向、整个学校的环境还有再跟家长的关系,这些都是当校长你可以做的。"受访者举例说:"嗯……像我们学校后面有个小溪嘛,那里生态也挺好的,那个有私人用地然后有一半是学校的。他就想办法去把他买下来,后来要规划成生态园。生态园因为他八年,所以买地下来的时候没有办法去完成它。"即使在卸任前无法完成工作,受访者很欣慰地表示:"还好接任我的那个校长都还不错,接续的校长,也能够继续我们之前的那个想法,也很有这个理念就把他完成了,现在小学有生态园了。"一直到今天"我们有时间都还会回去看一看"。

结合学校与小区资源,学校成为小区的后盾,发展咖啡文化,提供"所有的研习培训、本地的解说什么都是学校,学校提供一些计算机、人才、设备,然后所有的有关生态的一些研习都是在我们学校"。彻底改变当地小区的形态,成为小区总体再造的典范。

三、我的老年生活

在访谈的过程中,研究者深深地觉得,因为年轻时的用心,原先服务的小学,俨然成为受访者另外一个不同形式的小孩。所以也影响到现在的生活:"后来这个小区开始建设的时候,我就开设一些课程去培训导览员。我都带奶奶,带奶奶走当地步道。华山有很多蛮有名的步道,那个地方奶奶都从来没有走过,当地老人在那里活那么久,都没有走过这里。所以这就变成是我们是第一次带老人走他们的乡、她的土,认识他们的乡土,奶奶们就蛮感动的。"

在这样的投入小区经营中,与当地的老人家互动:"而且那个奶奶也蛮有智慧的,就是说哪都有经过一个小凉亭平台,他们就坐下来,然后就坐下来他们就提供他们的秘方。比如说吃什么是治什么,然后什么是可以怎么,我们还把他录成一个小册子,就是这些他们提供出来的,我都会把他们写下来,就整个那样的一个踏查,就是寻找他们的根,那些老人那么多岁,有的六十多快七十都没走过自己的乡土。"

受访者除了为当地高龄者服务,可能因为本身是教育人员,也很重视小朋友的生活教育。例如,在从事小区服务,带领小学生认识自己的乡土,会请小朋友担任小小解说员,"比如说家长的工作是与槟榔相关的产业,他对槟榔的知识就讲得比我们更好;他或是他家是种咖啡或做咖啡馆的,他对咖啡也会讲得更好"。彼此教学相长,基本上受访者现在的生活,是延续未退休前的生活,所以他们很重视生态,在居家周遭"……我们就是把我们住的地方生态就尽量让他丰富一点。譬如我们都不喷农药,所以会有萤火虫。我们现在已经萤火虫非常多,昨天晚上好多,对,好多,非常多,已经非常多了。我都开始通知我那些朋友,然后我们参加陶笛班,那些同学可以来看萤火虫,每年他们都会来看。我现在的生活,筑梦踏实"。

四、对"老"的看法

对于"老了"的事,有可能因为外在环境的影响,"其实对老,我是然后其实很早很早以前就开始,然后我书是乱看啦,就是关于生老病死的书就一直在读,就因为觉得要预备嘛。"关于步入老年生活后的一切一切,不意外的因为各种考虑,都会想要提早预备。但现今社会媒体的新闻报道,常常传递高龄生活的负面信息,受访者表示:"其实像我们这样子,就不会是年轻人的负担。但是有朝一日,如果自己不能动了或怎么样,可能就会变成负担。我的想法是我们还有退休金,退休金就不会让子女说加重负担。假如你没有退休金,可能就会面临着生活上就会影响,因为如果子女他们自顾不暇,又要来照顾你就会受影响,所以我们都蛮感恩的,幸好有退休金。"众多研究已表明最受高龄期注意的议题是健康与经济,因此从受访者的角度,媒体报道并不会影响到他的生活,但是高龄生活具有稳定的经济基础是较佳的。"可是我在觉得是说,之后啦这些老人家能够的话就是储备一些,能够有退休金的话当然最好啦!不然就是要储备一些养老金。"因此在某种程度而言,大家都认同经济在高龄生活仍是重要的,至于多寡则因人而异,目的仍是以备"将来如果说有一天你就不能,必须要仰赖人家来照顾你的时候,你还有一些钱在身边的话,这样子才有办法说有人来照顾你",也才不会成为别人的负担。

有关媒体报道虽然受访者表示个人不受影响,但他主动提出另一个高龄生活的议题。他认为偏颇的媒体报道,已导致社会对立与分裂。"富的很富、穷的很穷,其实会造成这样子其实是规划不到位、造成很多浪费,其实要公平啦,公平正义是一定的。我们也能接受合理范围内的,你少一点我们都没关系,但是不要推卸责任,好像变成了对立方,这个我们就很不能接受。"将高龄者形容成"养米虫",是对高龄者的污名化,也显示出年轻一代的功利心态,制造社会不同族群对立仇视:"那我们就会觉得说为什么社会要变成这样撕裂的感觉,我觉得这个不好,这个媒体影响很大。"

在社会发展的过程中,媒体扮演的角色应是保持中立态度的监督者,负有社会责任,需客观、公平、正义地报道。但是在对高龄者的刻板印象看法,受访者说:"我觉得媒体要负很大责任。你(指媒体报道)应该是报道要平衡,你有坏的那你也要揭露一些好的,让人民能够可以感应到应该大家是要像这样。你要有平衡报道,你不能哗众取宠,一直乱挖乱挖,那会造成社会比较不好的,那个像那个就是撕裂,你一天到晚说你拢("都"的意思,闽南语发音)领那么多、你都不用做工作,我觉得这种很不好,我觉得这种很不好。"所以在视听媒体的功能上,受访者认为平衡报道是非常重要的一件事,不能"一味地去报道说老的就很不好,对媒体跟政府应该多多的让这些老人家他能够做什么,就尽量让他做,能够发挥他的贡献。呀然后就报道也尽量报道这个有关报道好的方面,你不要说眼睛就只有看到那些……病老的,必须要人家照顾的那些,就是太常报道了。"受访者再举了一个在高龄者照护机构服务义工朋友亲眼所见的例子。案主因女儿尚未结婚,主要就是女儿在奉养高龄父亲,"女儿是还没有结婚,较没有负担嘛,就养父亲。老父有一次是昏倒然后送院要急救,那个女儿质疑医生耶,质疑医生说为什么老了已经这么痛苦你们还一直要救他,老了为什么病重为什么还是要花那么多医疗资源一直救他,哈哈哈,所以这个也变成是一个问题"。拯救生命、浪费医疗资源与人道关怀,这是一个无解的问题,无法证明谁对谁错,主因各有立场。但站在高龄受访者的立场,这是一件很不正常的事情:"自己的亲生父亲耶,为何不救?"

另外在这波高龄研究热潮中,很多文献探讨结果已显示,其他各国均已在重新审视所谓的老人年龄定义与推迟退休年龄。从实际生活面探讨,医疗科技的进步,有效地推迟了老化的过程与平均寿命,所以"其实老人,老人不是说都变成是社会的、子女的负担。也有一些老人家,身体状况还好的时候,他对社会啊,对子女都很有贡献。譬如说他带孙啊,比如说带孙当然是最好的,当然是他啊,就是有那种天伦之乐,对孩子、对老人家、对第二代的子女也都是最好的,那个是老人家的贡献。另外就是说老,其实老人还有一些老人身体状况都还不错的,他也还可以对社会做出一些贡献,他可以说做一些比如说当义工,当义工也是一条路啦。有一些身体状况还好的他还会去扫地啊什么的,就是照顾一些孩子啊!他其实老人家并不是说他都不能做什么事的,都没有贡献的。"就现实生活状况而言,越来越多高龄者以实际行动,证明生理退化是不足以妨碍其生活意识,高龄者也有独立的想法与想做的事:"我是觉得好像是,现在的老人有的其实他越来越有智慧。有些其实他很专业,有些是五十几岁就退休,其实都可以去很多地方去帮忙,他可以发挥脑力,往好的方面发展,去做更有意义的事情。"

五、高龄者的心理健康

心理影响生理,生理影响心理,二者互为表里。在高龄期的老年生活,大都只着重在生理健康议题上,心理健康议题,据研究者推测,主因高龄者与幼儿心理状态不同,主要在于社会化的时间长短,因此高龄者较善于隐瞒,故不易察觉。针对这个问题,受访者认为在高龄期的生活,"心理上要建设一个比较健康开朗的态度,而且朋友也很重要",同时也要建立社会支持,朋友是高龄期生活质量一个很重要的关键因素,很多无法对家人表达的,或者家人无法劝动高龄者的,通常由第三者来表达或沟通会容易很多,除了在高龄者的心理反应,虽然老人常常力不从心,但有时心理上的疲乏会超越生理上的劳累,反而是老人生活质量降低的主要原因。

例如,站在晚辈的立场,常会以健康的理由或希望长辈享福,阻止高龄者从事某些活动,理由非常的正当"是为您好""希望您不要太累"……类似这样的说法,受访者表示:"也会啦,其实现在他们的好意就是表达我太太工作方面的,会不会太超过太累然后之后才来腰酸背痛,就会劝他说你不要做那么久,要休息,是会这样劝他,至于说阻止我们去做什么倒比较不会。"而所谓的社会规范对受访者而言,则"不会干预了"。外在因素较会影响高龄者心理健康的就是"负面的报道比较多啦,你就应该要多鼓励、多赞美、多尊重。老年人要大家尊重,多办一些活动让老人能够参与,能够让他们能够去贡献心力这样子。不要说一直去报道那些需要人家去照顾的老人,那个只是一部分啦,也不能说所有的老人家通通是这样归类在那边养老院要人家照顾的。其实现在五十岁至七十岁还是很年轻,有的七十五岁也很年轻很有能力,政府如果这个区块能够充分应用,让他做他可以做的事情,未尝不是一个很大的力量,我觉得。"

有关高龄老人心理健康的部分,在访谈中受访者又举一个朋友旅游聚会的例子。"像我们刚好从那个,我们都有一些朋友都会一起,比如说一起去那里坐。那天刚好从泰安回来,在泰安他们就是一个行程,然后都会大家泡茶聊天嘛,他们就提出这个你说的这个老的问题。哈!然后就有人起来说:'都这样子说,一直想说,老是社会老化呀!然后多少人要养多少人……那怎么样。'他们就提出一个劲爆,有一个就是很幽默的话,'按奈(闽南语,音译,指"这样")不就是叫那老了(指老人)不就去死死(意指去死)了,既然都是负担嘛',他提出很……很劲爆的,'按奈不就叫咱老仔(指老人)好去死死(意指去死)',就讲说这个问题了,你看,比方说这个感觉。"类似这样常见的话语,高龄者虽然以幽默的口吻说出,也不见得会在生活上造成影响,但应会在高龄者心理造成阴影或不舒服的感受,并有可能发展成年轻人仇老的氛围。

六、老年生活的意义

在整个访谈过程中,研究者从话语中感受到受访者很享受他的高龄,他过着自己规划的生活,很有意义也很自在。受访者也认为:"到现在为止啦,那如果是身体不行质量(意指生活质量)都就会出现问题。""如果是身体不行,质量就会出现问题",本句话正好验证了在生理功能上,能否依照意志自由行动,深刻影响着高龄者生活质量的研究,也再次呼应老人自我意识的重要性,老年生活生理与心理需同等重视,尤其对象是经过长期社会化的老人,倾向任何一方,都会引起强烈的不适感。

对于退休后的感受,受访者说:"以前都被工作绑住嘛,我觉得退休就豁然开朗。"又说:"我是刚刚才卸下带孙子的这个担子。我们之前才带孙子,大概带到三个星期前,我媳妇她才开始请育婴假才把小孩还给他。二岁就是二年一个月啦,总共带二年一个月啦,24 小时的,就是很多活动都没有办法参加。"因此,当卸下帮忙带孙子的事情后,还是希望可以多多参加活动。参加活动带给受访者的高龄生活,具有相当大的意义。"以前的那些朋友开始一直邀,其实这些都是同一个团体邀我们一起去啦! 他们就是上半个月,其中有一个成员他上半个月必须要去照顾他爸爸轮到他,下半个他就比较有空,所以就迁就他都排在下半个月。"就是有伴啊,"对对对,这个觉得快乐的一个非常重要的。譬如说就是跟老朋友在一起聊天、泡茶,大家一起说说笑笑的,一起走一走,我觉得是最快乐的。"

一群具有生命力的长者,以开放的心胸一起走在生命的路途上,互相扶持与鼓励,可以接触很多很多东西,拓展自己的生活领域。"不然就如果一天到晚两个人绑在这里,一直做这些工作,也会做到腰酸背痛,也不会是说特别快乐啦,还是要出去啦。所以我们下个行程是自己开车要去南横三天,再来去兰屿四天,而且他们那个玩法都是就是都是好朋友啦。然后兰屿就是有一个老鸟,就会用船带着我们去钓鱼做什么之类的,不是跟团的,像自由行那样比较另类的。"受访者说到"另类"时,神情仿佛回到年轻一般的兴高采烈。听着受访者兴高采烈地描述他们的行程,研究者不禁也感染到他们旺盛的生命力——努力为自己的生活适当使力。

受访者再次提及"其实我们这些朋友,一起能够一起爬山、一起聊天的,这些我们的共同的感觉就是说,尽量让我健康一点,不要造成儿女的负荷这是最大的心愿。"受访者拥有一颗年轻的心,不会觉得自己老了,觉得还蛮年轻的,所以丰富了他自己高龄生活。"对啊,还没有觉得说很老。我觉得是老还是必须遵守,因为老是正常的,这个人生的末段、垂暮,就是老病死你一定要面对,也不会去恐慌,也不用去做什么去接受他。"以开放的心胸,自然的态度接受老化与死亡,所以老也就没有什么可怕的。"有的很怕,甚至连自己的年龄都不敢讲出来,这些其实也没必要啦。"又说:"你要怎么样其实很由不得自己,不过自己能够做的要自己尽量做啦。譬如说运动减重啦,然后就是要休息啦,生活就是要过得较悠闲,不要那么操劳也都是啦。开开同学会的时候,我问我同学,你现在在做什么,他说我在替我儿子照顾他爸。""我在替我儿子照顾他爸",多么幽默又有智慧的一句话,体现出高龄者圆融的智慧与豁达的心胸。

最后,研究者请受访者定义自己的老年生活意义。受访者首先提出制式定义老人年龄的不合宜,他认为:"老人如果单单是用年龄划分的,就是从几岁到几岁就算老年,那个是只是一个刻板的、书面上像这样子写,可是我觉得最重要的是看他的身体状况、心理状况。有的虽然说年龄不小了,他八十几岁了,可是他健康很好,他也可以到处去玩、到处去爬山、去运动,心理也是很快乐很年轻。这样子把他归为老人,当然年龄上来讲他是老人啦,可是他整个他也不会造成社会的负担,那样子其实就不要去叫他老人嘛。"针对健康的定义,通常包含生理健康、心理健康与社会健康三者,三者皆处于健康状态,才谓之全人健康。反思对高龄者的"健康"议题,大多仅着重生理健康这一区块,在各方的推波助澜下,似乎高龄者的生活,仅仅只要符合生理健康即可谓之。但事实证明,即使医疗科技进步,生理健康却仍无法完全控制。因此,是否生理退化的过度强调,引起了高龄者老年生活的刻板印象,值得再省思。

七、总结

完成此次访谈后,研究者整理出受访者之老年生活圈(图6-4-1)。在受访者的老年生活中,"希望付出"这个想法贯穿生命,从年轻到老一直未变。不管是想替家里或社会付出,受访者尽个人的绵薄之力,做了他想做、可以做的事,也从事很多他想做的活动,成为我所可能成为的自己,以"开放的心胸""接受老化"的态度,建构高龄生活意识,有意义地在老年中生活着。正如同Erikson(2000)认为老年期生活的任务,是整合过去与现在接轨,所以受访者现身证明高龄者有意义的生活,不在物质享受,也不是没有生理病痛,而是有意识地、有计划地、积极地参与活动,从实践老人的活跃参与中,得到心灵层面的满足,并创造只属于他个人的、有意义的老年生活。

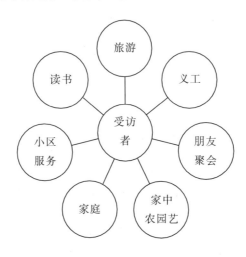

图 6-4-1 男主角老年生活圈

另外,在本次访谈中,受访者即使过了 65 岁,但并未意识到"自己老了"这件事,而是在帮忙照顾孙子的时候,因生理退化,才开始感觉到自己体力不行了、皱纹多了、老了、这里痛、那里痛,其他时间根本就没有觉得自己老了。所以"老了"这个状态,是心理影响生理,还是生理影响心理?抑或相互影响?还是社会制度影响?在高龄者的老年生活中又孰轻孰重?类似这样的生活议题,对高龄至关重要,故而不论是拟重探高龄意义或想营造老有所乐的老年生活,皆有再探讨之必要。

再者,在受访者的表达中,研究者看到为人长者对晚辈之慈爱心。受访者不觉得现在自己是子女的负担,努力将自己照顾好,虽然受访者也体认到"当子女去孝顺父母比较不容易喔,父母去对子女那真的是无条件的。所以说古时候流传下来一句谚语啦:'父母养儿不论饭,儿来养父要算顿。'另外有一段绕口令:'记得当初我养儿,我儿今又养孙儿,我儿饿我由他饿,莫叫孙儿饿我儿。'"

点出为人子女与成为父母时态度的不同与对彼此的耐性。因此高龄者负面印象的形成,除了社会因素,与其他年龄层的态度应也有极大的关系。所以受访者最后打趣地说"我们在照顾那个孙子的时候,大概我媳妇跟儿子星期五晚上就会回来。然后住星期六、星期天晚上吃饱饭再走这样,这个情况就是一直这样子啦。有一天我去我朋友家,就是告诉他这个情况这样子,就说我儿子每个星期都会回来这样子。他就说:'他是来看他儿子啦。'我就会说我也可以看到我儿子啊,不然他不晓得不是说帮他养孩子,他不晓得多久才会回来一趟。当父母的就是这样,所以说有些刚才提到的那些问题,有些父母甘愿去养老院,他是站在儿女的立场上。"

综合上述受访者以自己过去累积的生命历程经验,以智慧统整高龄生活,重构高龄生活意识,体验属于自己能够适当使力的高龄生涯,表达自己认为有意义的高龄生活。同时又把自己安排好,尽量不成为儿女的负担,又在行有余力之时,为社会尽一己之力,所以受访者说明我的老年生活意义是"人老心不老,外皮蓼蓼,内心还好好。"

第七章　我的老年生活,我是女主角

第一节　我思,我听过的老年生活

　　"我们都会变老",不论在年轻人或是在老人圈,都是很常听见的一句话,但是"变老"之后呢? 好像就没有下文了。这是受访者开门见山的一句话,点出"变老"这件事在人生中一直不同程度地关注。在高龄者生活中,最常听见的,高龄者也最害怕的话题,就是在安养院度过余生。因为各种因素,导致必须将高龄者送至安养中心时,很多高龄者因为疼爱子女,不想造成子女负担,故不会对子女提出不想去,而是仅能向同为高龄者说出内心真正想法:"没错,没错,很多老人并不想去。"而不想去的原因,无非是不想离开自己熟悉的生活圈与亲人,因为离开的同时也丧失了安全感,但是又怕成为家人的负担,所以既害怕又难以启齿。而且普遍"安养院的年龄层更高,他们没有办法自己走,他们就只能坐轮椅,更依赖他人。其实安养院的老人更不容易,因为他们有的是行动上的不便,有的是精神上已经退化,所以会比较……他会比较更不容易说那种很乐观地去面对很多事情,他也算是很无奈住在那里"。感觉上活着,却又不是"真正活着"。

　　类似生活中这样两难的情形,在高龄者生活中时常发生。受访者又举了一段她与子女的对话,她说:"有一天哪,我儿子打信息给我,问我说,他是……

他是怎样。他就问我说：'钱够用吗？'那我就跟他回，我真的不晓得要怎么跟他说，'你要给我钱就给我钱，你还要问我够不够用，对不对。'我最不愿意说我钱不够用来跟儿女要钱。"向晚辈伸手要东西，基本上这牵涉到高龄者自尊的议题，毕竟是长辈的身份，总是期盼儿女主动发现。"虽然说他们（指成长过程）用掉我很多钱，给我钱也合理的。但是基本上我觉得假如我可以过，我尽量，不要。那我就想一下我要怎么跟他说，我就跟他回了，说：'没有什么够不够用的问题啦，我是这个够不够用要怎么说呢？降低欲望就可以了。'我就回他这样子。结果我儿子就他马上回了一个，他说：'喔！这个意境太高了。'"关于需求的问题，不同年纪当然有不同的需求。同样的即使是高龄者也有需求，虽不一定是物质方面的，但并非年龄到达某一阶段，就完全没有想法，只是在提出需求与自尊间，要如何取得平衡？即使对象是自己的子女，对于向子女提出要求，还是会再三思量。

另外受访者常听见高龄者"烦恼"很多，很多周遭朋友发生的事，也是他们烦恼的来源。"烦恼，会不会明年我已经不在（指过世）？然后想想，如果生病了怎么办？我要比如说得了癌症得了什么病，因为现在得癌症很多，那我要不要去开刀？我要不要去化疗？因为我看人家那样，说真的我会觉得活不下去。尤其，尤其是开刀以后，那个治疗过程实在是不堪回首。我会很烦恼，烦恼这个。那在家里当然想更多啦，因为如果在家，一个人的时候会想，会不会怎样、会不会怎样？"所以"会不会怎样"这样假设性的问题与对未来事件的不确定性，不时地困扰着高龄者，这或许也是高龄者普遍而言较为忧郁的原因之一。

受访者的老年生活场域主要在老年大学，不论是教或学，在老年大学的经验，她表示其实高龄者也展现了他们轻松幽默的一面。"因为真的讲老人家……我跟你讲老人家还不能叫他……以前我们都会去带老人活动都会叫爷爷、奶奶对不对？我们现在都不会这样子叫，（要）叫大哥、大姐。有时候他做不对，你说姐姐这样子不行，他们会很开心，他们会觉得跟你相似，你叫爷爷、奶奶,他们会觉得我有比你老吗?"说明"老"很多时候是心理影响生理,甚至是观念上的因素,进而影响到生理。很多人即使年纪到了65岁,还不觉得自己是老人,常常是收到管理单位的通知,才发现自己"已经"65岁变成法定老人。研究者曾听中医师在治疗高龄者的经验分享,常见高龄者心理影响病程,因此在中医治疗,不只是医病,甚至是医心。如此的观点,正好验证了人老心不老的观点,若是常保一颗开朗的心,很多疾病有可能会不药而愈,或是能较积极、有耐心地面对病痛,进而拥有较佳的高龄生活质量。

在之前文献探讨中,社会眼光在高龄生活中,在大多数人心中,仍占有举足轻重的分量。虽然社会进步,活出精彩的自己,一直在不同年龄层中倡导。但是很多老人不敢踏出去就是因为他人善意的阻止,也有可能是当今社会对高龄者的诈骗层出不穷,导致家人对于高龄者的交友,会较为在意。"其实有些人我们觉得说,你交一个朋友又没有关系,我说但是你就要保护自己啦,保护自己,保护自己。比如说你不要让他,不要让他知道说你就是有一点钱。有的人跟你交往,就是想花你的钱,你说你偶尔请他吃个东西、做什么,都没关系。但是如果他要跟你借钱,你就要提高警觉了,因为可能到最后你是人财两空。"依 Erikson(2000)老年期任务的说法,进入高龄这个阶段,高龄者再不为自己找回自我生活意识,适当地支配生活,通常就只能抱憾终生。"就是我觉得交朋友没有关系,但是不要……不要牵扯到金钱。"常言道老来伴,社会关系在老年期生活有其必要性,但人是独立的个体,想法也有不同。"你也不要想说交一个朋友就希望人家来照顾你。因为这个,人会互相照顾,那个是要长久的感情培养。你那种认识不是很久的、互相有一点点吸引的那种朋友,一旦生病了,你不要指望。"久病床前无孝子,更何况是陌生人或只是朋友而已。反求诸己将心比心:"不是,我们也一样,假如这个人,我们没有跟他很深厚的那种感情存在,不可能去照顾嘛。要我是没办法,我是真的是没办法,所以我也从来不敢指望别人。"

研究者再询问女主角对于高龄者无形的社会规范的看法。她表示:"不是社会管很多，是我觉得有的子女管很多。嗯，为什么……我知道的一个例子。我有一个朋友，他原来是什么学校教导主任还是什么退休，退休他们还有一笔退休金在那里。他本身有财产，有那种地、房地这样子，哪有小孩，然后我那个朋友认识这样一个人。他们感情很好很多年了，但是那个男方家的孩子始终不能接纳她，重点是分财产，怕财产被分了。所以我觉得就是现在的社会比较没有管那么多。"就女主角的听闻与生活经验，认为子女的担心可能与城乡认知不同有关。在都会区较无明显感受，但在非都会区，则高龄者的感受较明显，有可能是观念不同，造成对待高龄者态度不一的原因。她认为："比较没有说什么一定要别人讲怎样，其实你也不用在意别人讲，只要我高兴，对不对，我……我认为可以，就是可以，但是后果需自己能承担。"她再举例："我常常会跟我一些朋友讲，我说你们去做什么事情，不用去在意别人眼光，但是你要知道，任何事情，你做任何事情要去想到后果。先思考某一些后果产生的时候，你能不能接受，你愿意不愿意接受那个后果，对不对。""后果"一词隐含着各式各样的社会眼光与社会规范，也说明高龄者各种行为之结果，需面临社会批判，仍需承担相关社会责任，且通常还需承受来自家人的压力。"我有一个朋友，跟她家里一直都不好，因为有婚外情吧！可是在外人也许人家会觉得说他们一家好好，然后她怎样怎样。可是我们了解的人都不是这样，她这一辈子受的苦太多了。"说明他人常常就外在表象即不明就里地加以批判，如同因为尚未步入高龄生活，却因为外界不适切的信息，产生恐惧或直觉式的判断，有可能造成自己吓自己的现象，因此尚未实际接触高龄生活，即已有了先入为主的观念。"就算说她有心仪的对象那又怎样咧？对吧！所以我觉得那是属于个人的事情嘛，已经束缚她太多了。我觉得说……但是……我就跟她说，她问我'会不会认同她啦？会不会看不起她这样？'我说'我不会，我觉得可以。'但是很多事情你要知道，也许有一天真的会闹到事情很大条，不过你要评估说你要为了这一份感情，你要不要去接受那个后果。你不要有一种侥幸的心理说不会，天下没有那个永远不会的。我说万一有一天……你要先思考好。万一哪一天你出了什么事情,你要如何面对?你自己先想好,你就不会措手不及,当然不发生最好。"在高龄生活社会支持尤其重要,需要朋友来支持与理解个体的行为。"因为最主要她是有小孩。有先生的话,这个没有关系啊,这个还比较好……好……好处理。有小孩那种小孩子,通常我就跟你讲嘛小孩管很多嘛。"活到这个年纪,"他高兴就好啦,人家每个人有选择自己人生的自由吧"。"高兴""自由"就好,这个最基本身为人的权利,对老人而言有时却是最遥不可及的愿望。

女主角再举例发生在她家中高龄生活的甜蜜限制。"我妈以前喜欢打麻将,她有几个姊妹就是那种从年轻就一直认识的那种结拜姊妹。他们常常在一起打麻将,那我哥哥就会常常念:'那么多岁了,还一直打牌,要是哪一天怎么样要怎么办?'就一直讲对身体不好。后来我们想一想,为什么一定要一定要剥夺她这一点点乐趣咧?她跟那些姊妹在一起,她一边打牌,一边煮个东西吃,然后聊天这样说笑话,因为她跟我们讲话,不见得会那么快乐,跟他们讲很快乐,我说不要剥夺……"这就是所谓"甜蜜的限制"。即如此例家中晚辈设身处地、出于好意替高龄者着想,但是相对的却剥夺了一些高龄者想做的事。"为了高龄者好",却成了阻碍高龄者追求自我的另一种正当性理由。"另外一个朋友更好笑。她婆婆应该守寡很多年了嘛,就闲闲(闽南语,意指空闲时间很多)。她都爱玩四色牌,都左右邻居跟人家玩这样,玩到十一二点回来……我那朋友是她儿媳妇,所以都不敢讲话。他儿子就都会讲:'跟人家赌博丫赌到那么晚'。"其实家人出发点都是善意的,可是常常忽略了高龄者的生活乐趣,仍是仅站在生理健康的观点考虑。"嘿啊(闽南语,意为是的),后来我告诉你……结果是怎样,他妈妈就搬到另外一个附近房子去住,她就说:'不要跟你们住在一间。跟你们住在一间行动都不自由,朋友要来找我打牌也不行,太晚回来也不行。'所以儿女不知道父母要什么,很多是这样。"诚如女主角说的:"每个人的选择啊。"选择就是一种自我意识的表现,但所有的选择能否得到他人的认同,会因时因地因人而产生不同的结果,在其他人身上都不容易，更何况是老人。

最后再谈到"变老"这件事。大多数人因忙于工作，日复一日，很少会觉得自己老了，通常在不经意的状况下，忽然在职场上有人以长辈词语称呼，才会惊觉"我有这么老吗？"然后被愈来愈多人开始以"哥""姐"称呼，慢慢地意识到"我老了"。"老就是第一个体力变弱；第二个人的外表变老了嘛，变得比较不好看了。我们以前不化妆也是很漂亮，可是现在觉得好像不涂一点东西，好像不太能出来一样。那还有就是行动方面……行动方面就是说，我说的体力是指说比如说你做个什么，擦个地板之类的，以前你当然不会这样吧！"关于变老的第一印象，多数还是以生理与外观的变化最容易让人注意到。"可是还有一种，还有一种就是行动变迟缓；还有一种东西，你吃东西吃太多了也会不舒服……那……就是很多状况啦。然后会有慢慢地会有一些慢性疾病什么的。我个人是比较少，还算是健康啦，但是我觉得有很多人都有糖尿病、血压高等疾病，我也不知道，反正做什么事情会觉得力不从心。"所以在老年期的生活，想做的很多，但可以做到的很少。因此为了让高龄期感受较为舒适，女主角认为应该减少欲望，降低欲望会让自己的生活过得容易些。另外在社会上，相较于其他年龄层，高龄者普遍的就业机会相对减少。"还有就是说你会……第一个你就首先你会能够找的工作就被缩减了。你有想工作的话，不见得每个老人都有足够的那种经济能力可以生活，生活。然后你要找工作，就是找那种觉得不适合的工作，对吧。那当然还有很多啦，你的朋友对象可能都是比较老的人。"老人受限于社会角色的转变与体力的退化，生活圈会较狭隘，如同"我常常讲很多去…去…安养院的，他们很伤脑筋的就是每天看的都是老人，那怎么办？那种（地方）很多人不想去。"但是最后还得去，因此在国外有相当多的例子，为了创造老人的被需求感，同时让老人有所付出，将老人养护中心与幼儿园盖在一起。高龄者以其能力所及，可以付出一点心力，同时又满足被需要的感觉与感受幼儿旺盛的生命力，兼顾生理与心理，创造老人生活品质。"在日本他们好像是说，有小孩有小学，那些同学到老人的地方去服务、去陪伴,让他们也理解说,人本来就会变老,然后对自己的爷爷、奶奶啦!"借由接触增加同理心,将来"可能就会比较容易接受"老人,同时也增加不同年龄层彼此互动的机会与了解。

第二节　我想,我期待的老年生活

在本次访谈过程中,受访者传递的言语间,令人感到受访者旺盛的生命力,与积极经营的高龄生活,但在女主角的立场,她却自我解嘲地说:"这个叫怎么积极,这个应该也是说也是不得已吧!哈,因为,人变老就是每一年变老啊。"研究者再进一步追问,应该要有什么样的态度去面对,她表示:"我觉得说人生,对于必定会来的事,你就是要去正向去面对,这个比较重要。比如说当你身体还好的时候,你就要想到你能够做什么,你能够给别人什么啦,不是一定要说别人都没有照顾你啦,不要一直讲政府都没有照顾你啦。你也想说你对这个社会有没有贡献啦,也许你以前有贡献,但是那个是以前的事了,现在你也可以有一点贡献吧。"女主角鼓励高龄者进入高龄需改变想法,需接受老了的事实,重新建构力所能及的生活意识,应该先反求诸己,思考如何让自己过得好,再考虑可以付出什么,而非一直责怪外界给予太少,或是希望高龄者不要倚老卖老。"那我……我所说的贡献,不是说一定要为千千万万人怎样怎样,那个我觉得目标太大了。"依女主角自己在老年大学的身份转变的经验,鼓励其他高龄者不要妄自菲薄。"我常常跟我们学员讲,因为我之前有推贡献服务,就是说什么叫贡献服务? 不是你要一直想说,譬如说我一定要去演讲,要有一千人或一万人或多少人来听,对不对,说不定今天来了一百人,那一百人里面其中就有人受到你的影响,慢慢地影响到整个的社会,你的贡献就很大。"以微光传播温暖,让爱传出去,如同种子发芽般,发挥个人影响力感染他人,传递开放的心。"或者是说在你生活周边的人,你如果说家里面有老人,你照顾好家里面的老人,你这样子就是减少社会问题。"当行有余力时,推己及人。"你有(用)一点点力量照顾左右邻居、照顾你小区的。其实所说的照顾,不是你每天要煮东西去给他吃这样,而是说你可能你可以,多跟他们维持一点那种亲切一点的那种互动,不要让他们觉得很孤单。"天助自助、自助他助,种种研究已经指明物质需求虽然需要但不是老人生活重心。而在研究者长期的老人研究经验中,也得出类似的结论,依高龄者的心态,物质生活对高龄者而言,其实他们要的不多,借由女主角的说法,更加证明了只要一点点的心意,很容易温暖高龄者的心,他们要的,其实真的不多,而非如外界所描述的需索无度,或一味地要求给予。"像我们常常,我常常都会觉得跟他们讲说,我们的贡献服务,我们的目标不用订很大。我们哪怕只为一个人,我们的目标是一个人,只有一个人都可以做。比如说像一些心理咨询师,他们服务对象往往是一对一的。今天他拯救了这个人,他就做很大的事情了耶。不是一定要,今天我一定要,如果今天有一千人在那边没有饭吃,我……我要喂饱那一千人不是这样啦,就看每个人的能力到哪里嘛。"尽己所能,以个人能力适当的安排自己的生活与发挥影响力,这是在访谈过程中,女主角再三强调:"尽力去做就好了。你若每个人都有所贡献,不管你大还是小,那个力量加起来就很大。所以对我来讲,我虽然觉得说,人变老也虽然是觉得怎么讲很无奈,就……就……就真的会变老也没办法。但是我觉得说,我现在的目标就是说,在我能够做什么的时候,我不要浪费我的生命。"生命有限、影响无限。"我不要浪费我的生命",一语道尽女主何以在高龄期可以过得如此自信与充实的原因。

第三节 我在,我以我的老年生活而存在

　　根据研究目的与访谈大纲,研究者请受访者谈谈自己现在的生活。受访者认为"我现在的生活过得……可以啦！相较于其他的老人,我是很可以的,嗯……不在于说经济方面。那么退休以后,经济状况当然……当然不会……我先生是军人嘛,军人退伍,他是有退休金,虽然没有很多,可是生活也够。"关于退休前后生活的不同,大部分老人经济方面的感受是最明显的。受访者也不例外,马上点出个人在退休前、后生活上与经济上的不同,这种不同非刻意营造而是因为退休自然产生。受访者虽然觉得目前自己的高龄生活很不错,但总是有不适应的地方。由于受访者是从职场直接退休,在可支配余额上,明显减少许多,"有一点……这样了解,就是说你要怎样,当然在刚开始的时候,会觉得有一点匮乏,怎么讲？你要讲由俭入奢易,由奢入俭难啦！你平常过惯了比较宽裕的,就是比较随便可以支配金钱的日子,那忽然间你会觉得说像退休了,然后有限的生活费。"自职场撤离后,最明显的差异是没有了薪资,因为固定收入减少,连带地影响了安全感,导致生活上有些习惯不得不调整。此点是否成为导致高龄生活变成以经济挂帅为主的议题,值得我们深思。但是心态是可以调整,生活是可以具有弹性:"我是觉得啦,不要有太多的欲望,然后其实你需要的东西,我们还是可以消费。想要的东西就太多了,所以我就觉得说,我很多东西我会想想,想要的东西当然偶尔你要满足一下自己,这个一定要的,必要的,要不然你觉得不快乐,呵……呵……基本上需要的东西是可以满足的,可以呀。"如同社会新鲜人一般,步入高龄期,是另一个新的、也是新的开始。与高龄者相关的生活各层面均需重新适应,因此初进入高龄期时,适应对高龄者而言,是很重要的一个课题,正好响应 Erikson

老年研究报告(1997)之"自我统整"。"自我统整"实已包含如何重构高龄期生活意识,使自己的高龄生活具有弹性,建立一个适合的高龄生涯。因此适应对高龄者而言,不只是单纯的适应而是应视为一种包括生理与心理调适的老年期挑战。

研究者再请教受访者当初何以会选择老年大学,作为高龄生活的再出发。受访者表示:"嗯,这里不会让你觉得说,哇!看到一堆老人很害怕。是我以前工作上认识的人,他在这边上课,刚好那时候我要想学计算机。对,那时候是应该是五十几岁的时候,五十六七岁吧。嘿……然后去要去上课,那他就介绍我来这边。来这边以后,后来我就留下来这边当义工。"此例为典型的高龄社会支持展现。朋友是最常见的社会支持来源,不论在生命周期的哪个阶段,朋友都很重要,在高龄者尤其显著。在研究者接触过的高龄者中,在老年期占有相当大的比例,朋友的重要性与朋友的建议,常常超越家人,甚至比家人更具说服力。或许是身份相同容易产生共鸣,也或许面对共同的生命周期环境与使用彼此容易理解的语言在同理心的驱使下,所以同龄者的看法与建议较容易被当事者接受。

受访者因缘际会进入老年大学后,舒服、愉悦的氛围,与传统及其印象中的老人院大相径庭,让受访者"觉得这里还可以,所以就来这边。来这边当然,刚开始也是有学计算机啦、学日文啦、学学什么有的没有的这样子",然后就慢慢地融入这个生活圈。在访谈的过程中,不知是否因受访者退休之前从事服务业的影响,她乐于助人、善与人沟通的特质,在这里得到充分发挥。现在的她,在老年大学的身份多重,从学习者变成教导者,从初步参与到深深投入:"那后来就当义工嘛。当义工,那我就有在这边就是教,当义工的时候,我就认为说我可以做什么? 因为早期我是开手工艺店的,开了15年,那我就觉得说,我可以跟老人家,在一起做一些手工的东西。这个不叫才华,只是那个是我们的工作必备,都会一点,不精。开手工艺店的人,你跟他看,十个有七八个,他每样东西都会。但是,不能讲专业,但是你跟(带)着老人家一起做东西已经足够了。"所以受访者不单是在适应老年生活，也在老年生活学习过程中提升自我——从学员成为义工老师。受访者踏出老年生活第一步，主要不希望自己的高龄是灰暗的，与此同时也希望贡献微薄的力量。在她高龄心态转变的过程中，不仅为自己也为别人开启了一扇窗。这样的转变，受访者不仅仅为自己形塑高龄生活意识，她更是塑造了一个高龄的庶民典范。

老年大学的优点在于课程设计的精神，并非一定要做到什么样的程度，或者是要设计多么精彩的课程。但因为贴近高龄者，且身为高龄者，受访者找到了能够适当使力付出的方式，所以"常常会有长辈，因为来这边，我就会教他们做手工艺的东西。我最近这一这一段时间，我是开美食课。所谓的美食，讲真的啦，我不是那种厨师那种美食啦，但是我会做比较简单的、比较健康的，做起来不难吃，我大概是做小点心吃"。规划制作小点心这类型的活动，主要是配合老年大学办理课程。以高龄者为出发点，而且考虑高龄者的心理反应，必须安排有点难又不会太难的活动，"因为我们这边常常会有活动，什么庆生会、什么会、什么会、什么会、开幕茶会什么会。那任何的会，都一定要有点心，这样子才会增加幸福感，会比较……容易达到那种圆满，嘛出席的……也会比较踊跃"。以吸引高龄者注意，增强参与动机，"尤其是老人家的活动，你如果什么都没有这样子，要叫他坐在那边听啊，没有诱因，我们就说我们有准备茶点，会出席得比较踊跃"。

据研究者接触高龄者的研究经验，一开始老人会保持距离地观察，然后当得到高龄者的认同后，其所发挥的效力与投入的积极度，常常出乎预料。如同本次访谈之女主角："我大约一个星期会有三天啦！有一天是整天，星期二是整天。因为星期二上午值班，我又排一个值班时间，星期二下午就是有一个课程，要教他们做东西。"因此女主角将值班排在周二，但"其实我可能星期一我就要来"。虽然说是"就会有一些准备工作"，但应也是乐在其中，所以才会愿意额外多付出精力，而且不自觉地想要多投入一些时间。老年大学的课程，通常是以实务性质的课程居多，受访者很自豪地表示她设计的课程，"不是说书拿起来就可以这样子。我们的备课跟大家的都不一样。我们也是有流程,而且我还带几个义工一起做。那当然有一批人不行呀,因为有些准备东西需要很多助手……然后还是要先跟他们讲说我们的整个流程。比如说星期二明天的课程是什么,今天我们都会有一些东西今天要准备。他们会帮忙准备,有一些东西,我们今天要先做一些,做一些成品起来。"受访者在分享经验的过程中,还兴高采烈地举例告诉研究者:"你没有看那个那个美食节目?现在教你怎么做,然后要蒸十五分钟送进去,他等一下就端一盘好的,那就是成品,就是这样。然后就请大家吃,有一些东西是没有办法现做现吃,所以我们都要准备。"女主角在老年大学的生活,虽然忙碌,但从她的言谈间,女主角的高龄生活,从接受者转变成付出者,身份的转变增加了她的成就感与被需要感,故而洋溢着一股充实、满足的笑容。

第四节　我是女主角

一本初衷,减少欲望,贡献自己少少的心力。

(女主角,2015)

一、基本资料

性　　别:女

年　　龄:67 岁

教育程度:初中毕业

家庭成员:丈夫、子女二人

职　　业:商人

经济状况:尚可

二、年轻时代的影响

"早期我们是自己做生意,或者怎么样,当然经济状况是好一点。"也因为是自己做生意,后来工作是服务业,所以受访者本身的机动性与自主性很高,也因为她机动性与自主性很高,所以自愿提早从高压的职场退下来。但是刚退休时的不适应,也让受访者经历了一段晦涩与自己想象完全不同的退休生活。当受访者自觉人生不该如此,度过那段不适应的退休生活后,她的朋友邀她来老年大学上课。在重新接触人群后,找回舞台后,她重拾信心,发挥乐于助人的个性,不仅仅是学习,"因为我觉得……我们以前,我是后来读那个商业职专。后来我又去补校读了一下,读那个商业职专。虽然没有混毕业,但是那个概念还是有一点的。我记得我们一个经济学老师,他讲什么,他说:'劳动力不能储存。'学经济学的人都知道这句话。什么叫劳力不能储存? 就是说如果你一天工作八小时,今天你没有工作,你明天就要做十六小时是吗? 你明天如果还是没有工作,那你到后天你能够做二十四小时吗? 不可能。"所以必须珍惜光阴,努力让每一天都精彩。受访者还与其他高龄者分享了很多她自己的心得,并鼓励高龄者发展自我。"我常常会问学员,假如你什么事都不做,我请问你,你会不会变老? 他们说:'会喔。'我说:'所以你们要勤劳点出来帮忙工作。'我们会把我们自己的经验告诉他,当你有一个,我们叫他样板给他看。我说:'我以前也不是这样。我以前虽然我以前当业务,我们是会主动跟人家那个(意指因工作需要的聊天)。但是平常我很少一直在那跟人家东拉西扯,在那边哈啦的,然后其他学员慢慢地也会认同。"女主角与其他高龄者分享她自己刚从职场退下时,她如何度过那段低潮期的亲身经历,以及她如何重拾信心,重构高龄生活意识,鼓励其他同龄者走出家门,丰富自己的生活，珍惜有限的时间。受访者自退休后，一路走来心理状态的转变，正好说明了高龄期的社会支持的重要性与社会眼光对高龄者的影响。也证明了高龄期是一个具有弹性的阶段，是可以充分发展的时期，高龄者是有机会成为想成为的自己。

三、我的老年生活

在本章第二节中，本次访谈之女主角点明了初入高龄期时一个很重要的问题——"适应"。"刚开始，当然是你会觉得说时间多了很多。来这边当义工以后讲良心话，我投入很多时间，每天的日子就是这样，你知道在那个阶段，我觉得我在五十岁五十初那时候，还没有退休之前，我跟你说没有觉得自己老。因为我们每天也是穿得很整齐去，去那个接待中心，坐在那跟真的一样你知道吗？那我……我们也没有觉得说自己变老，可是退休以后你就感觉，马上你就感觉那个面临，你就是一天比一天老。"人是习惯性的动物，当生活在日常的规则当中时，重复的事物，让人保有安全感；但一旦规则被打破，面临的是重整问题，平常不会意识到、觉得没有什么大不了的事、不是问题的问题，忽然间会全部变成问题。所以女主角说："这年轻的人他从来没有办法体会说，人会变老这一回事，虽然每个人都知道，都会变老。"但知道跟实际体会倒是截然不同的两件事，"但是在你年轻的时候你绝对不会想到，你没有办法想象说（意指没有真正进入老年，无法想象老年生活），我就是看到那个老太太，我以后就是会变成那样，没有办法想象（意指当时的她也无法想象老年生活）。"虽然其他年龄层知道人都会变老，但未曾亲身经历就无法体会，更甭论同理心了。

"来这边当义工以后讲良心话，我投入很多时间。"受访者从职场退下来并突破心理门槛后，目前将生活重心放在做义工。"其实最起码三天啦。因为我在这边的身份比较多重，比如说在这边我也算是义工啦，我是义工，在这边做了七年多嘛。"针对高龄者担任义工一事，是目前普遍高龄者最常见的

"工作",就是担任义工。研究者询问受访者如何走入她的义工生活,受访者表示"其实我觉得,我觉得退休人员最最辛苦的就是不知要做什么这个部分。因为他从……等于说他人生就失去舞台,对吧!"普遍年轻时均是以工作为主,大部分时间都给了工作,常常因为工作而忘了生活。因此当不用工作后,时间突然多了很多,故初入高龄期适应与安排生活,成了相对重要的课题。"你……你不能每天都去人家家里聊天嘛。所以刚开始我会觉得说……没有办法,……也不是讲没有办法适应,但是会觉得说,我要这样子过日子吗?我……我这样子可以吗?"受访在过了一段不知道做什么的日子后,受访者意识到退休后这样的生活,并不是她理想中的退休后生活,但却也不知要如何改善。于是"有人叫我去医院,当义工。可是我不能适应,因为我害怕医院的那种氛围。所以我跟他们说:'我不能去。'虽然我很想去,但是我不能去那个场子,不适合我。因为我自己,就我自己,我不到万不得已我不会去看医生的,跟医生没有什么交集,害怕啦!"旁观者建议去医院做义工的想法,是很典型的高龄者"可以做的事"的说法。常见高龄者退休后可以选的第一志愿——当义工,其他年龄层也认为反正时间多,就去当义工好了,好像除了义工,可能没有其他事可以胜任。这样的想法,不仅年轻人有,很多高龄者自己也会有这样的看法。这样的思维,不也正是代表另一形式的老年刻板印象、老年框架,而这样的印象与框架同时也限制老人发展的可能性,意味着高龄者只能做一些义务性质的工作。诚如在访谈中女主角提及"有些经济较不佳的高龄者,在退休后,通常也只能放弃原来的专长,只能捡一些较没人要做的工作。"受访者用"捡"这个字,说明了年纪大的人找工作被歧视的现象。

因此为了让常青族群可以退而不休,可以终身学习与建立社交圈,近几年各地区开始发展老年大学。但很多观念都还在建立中,诸如课程设计、师资培训与如何增强高龄者走出家门的动机,这些常是老年大学需克服的问题。因此"有一些老年人的师资,本身他并不是原来科班的。因为如果你叫科班的老师来教这些……吃不饱,也……也真的,坦白讲也不是那么适合。然后因为我们这个有时候不只是教学,我们其实比较重要的好像是在活动、交朋友嘛!让老人家觉得说,他来上这个课,能学到一点东西,又能够交到朋友,然后是很快乐的、很幸福的这样。"诚如受访者说的,他们是来交朋友、来参加活动,因此高龄师资的培训,更显得不同一般,所以"我们也是要不断的接受训练、受训。我也是要去大学受训,我们上……上前几天才去过,就是很密集地训练这样子。因为我们本身我们不是学这个嘛,所以虽然说你有基本上的技巧什么的,但是比如说老人家的心理各方面,其实都是要了解的。要不然你没有办法……怎么讲,教老人就跟教幼儿园一样啦,幼儿园也不是普通老师,幼儿园也是要幼教班,就是要努力啦"。俗谚云:"活到老,学到老。"事实上,学到老就是不断地重构高龄生活意识的展现,也是建立高龄生活意识的有效方法,个体必须与时俱进,才能保有弹性、扩充与丰富经验的生活态度,进而影响行为,促进身心健康。

四、对"老"的看法

"其实我以前是很害怕老人的。在我还没有变这么老的时候,我是有一点怕老人。我……我怕老人第一个,我怕把他们弄跌倒。呵呵,你知道我以前开车我看到老人在骑摩托车我都很害怕,避得远远的。因为我怕要是不小心把他A到(意即碰撞到)事情就大条(件)了。"未进入高龄期时,很明显的大众对于高龄者因为受生理退化观念的影响,第一个印象,高龄者普遍是脆弱的,因此避之唯恐不及。所以"退休以后我就开始就知道的。我看到有一次,我看到那……那个路上有人这样推着回收车的一个老太太,推着像婴儿车那种,上面放很多回收的东西在推,我马上就那个那个心有戚戚焉,我就想说不会吧,我会不会这样啊?我就开始烦恼起来"。当完全无预警的现象发生时,有可能因没有准备,再加上不适切的观念,导致莫名的焦虑,幸好"我有我有几个伙伴,算是比较好的啦。他们就跟我说:'姐我肯定你不会变这样,你真的有一天有需要,我们会照顾你。'"相较于曾经在职场活跃的人,本来是"照顾者",本来觉得可以掌控自己的生命时,当角色转变成"被照顾者"时,产生的冲击反应是相当大。因此产生了各式各样的焦虑并开始怀疑自己:"可是人能够指望别人照顾吗?虽然是很知己的朋友,他们这么多年也都是,我有个什么,那个电话打了他们会很快来这样,可是人不能想着说依赖别人。"在受访者的言谈间,当高龄者生活无法自理,失去了自我掌控生活能力时,同时消失的不仅仅是健康,而是让自己可以更好地意识与动力。无法改变力不从心的结果,就是产生了消极的态度,无法在自己的生活中适当使力,只能等待或依赖。就受访者的生活态度而言,其实依赖别人,就是变老的一种现象。而老人若长期地失去自我生活的掌控权,长时间力不从心的结果,有可能也是老年抑郁症频发的原因之一。

另外,意识到"自己老",又是另一个层次的问题。意识到自己老了,很容易产生自己吓自己的焦虑,而且可能会蔓延在生活的各个层面。受访者退休的初衷是因为之前的工作属于高压性质,因此萌生退意,自己想退休,所以就退休,当时并没有想到自己会意识到老这个问题。主要因为"在上班的时候比较不会,因为上班到退休那是一个阶段你知道吗?我以前是那种很拼命那型的,然后一下子突然时间多那么多之后,我真的也会害怕"。所以在走过这样的一个过程后,受访者很开心地表示,"我自己也是慢慢调适过来的",因此她更能说服别人,也更能理解时间突然变多,却不知做什么的心理反应的无助感受。

关于"变老"的第一印象,几乎所有人都是害怕,或是避而不谈。主因未曾亲身经历,所以就不会思考"我已经老了的"这个阶段,再加上对未来的不可知与长期被聚焦在生理老化的议题,所以害怕变老。"那也会害怕,第一个害怕变老。我们以前是美少女,变老的时候,忽然间觉得说,没有化妆不能出门了。变老以后怕生病,我不是怕死,我觉得死就死了吧,对不对。死,你看很多人,皇帝也死了不是吗?问题是,人生病真的讲是有点可怕,我看到长辈,生病的时候、开刀、化疗，最后还是死掉。唉……不是说你撑过去就好了，不一定每个人都会好，有的很辛苦的医疗，最后还是死掉，所以会害怕。那害怕以后，嗯……在那个那个时段里面，我觉得比较辛苦的就是说，你会自己一个人很忧郁哦。你会不晓得说……我会不会，我常常会这样想，我现在好好在这，搞不好明年我已经不在了、会不会明年忽然间就……因为很多人也是本来好好，忽然间就生病了、生病了之后就不治了。"老年期很重要的一个课题就是面对亲朋好友的死亡与死亡对自身的威胁。因为对生命的无常与对死亡的未知与不确定性，故高龄者较容易变得无安全感，烦恼也相对较多，最后影响心理导致忧郁。外显出来的就是不快乐的老人，而他们有可能因为是长辈的身份或长期的社会化，也不会道出困扰他们真正的原因，久而久之，因为沟通不足，所以大家也对高龄者产生了刻板印象。

就女主角而言，或许是因为力不从心，或许是看了太多老人生理退化的状况。受访者曾提及自己不会想去医院当义工，主要是害怕医院的氛围。所以在老年大学，她找到高龄生活的重心。"我们这边大部分都是健康老人，有一些就是动作比较慢一点而已，大部分都是属于健康老人啦。因为我们这边是以……讲真的啦，还是有点学习目标啦。"不像一般老年人退休，不是当义工，就只能在家带小孩。其实高龄者的各方面成熟度或者人生历练均优于年轻人，唯一的限制，可能动作慢一点、表达慢一点。因此在国外已开始研拟有关高龄者二度就业的可行性或推迟退休年龄，以提供高龄者再付出能力的机会。"再付出，这个部分讲起来会有点沉重啦。因为……因为能够运用，我们的规定就是60岁就叫你要退休，就是我们的法令规定了。六十岁有一些人，工作经验各方面正成熟的时候，你就给他一个法定老人，叫他要退休，那怎么办？他也不能留在他的位置。"毕竟在中国台湾地区的现象，高龄者目前是属于相对弱势无声的族群。高龄者即使有想要再投入职场的心，但管理者是否愿意提供舞台？"好，那他今天这个职场像我讲的……没有舞台啦。然后他如果要叫他再去找工作，不好意思，都是比较不能让他发挥他的能力的工作。

毕竟没有那种工作等他,你看像很多的……很多的应该是中高龄的妇女。有时候经济上需要再就业的话,他们都没有办法再找到什么好的工作,都是做什么洗碗……还是帮忙性质。"基本上能提供高龄者二度就业的工作形式,大都忽略他们的能力与能应对的工作。在考虑到生理退化的前提下,现今给予高龄者的工作,也大都其实是以仅提供最基本的劳力工作为主,所以女主角才会用"捡"这个字,说明上了年纪的人找工作的不容易。

如同本研究之男主角,大多高龄者均有想要再付出或再进入职场的想法,即使原因各有不同,有的可能是经济因素,有的可能是找寻成就感,有的可能是增加被需要感……,但无论如何是以其所能,想与社会产生连结。另有关于高龄者二度就业的问题,女主角认为"我觉得可能……可能我们的就业机会吧,就业机会……我在想,在这个问题,应该是再过个……可能再过个十年、十五年以后,这个问题可能迎刃而解。因为到时候……我们的劳动力减少了嘛,现在小孩少了嘛,那……到时候老人会变多嘛,所以很有可能就是当你的年轻人减少的时候,你社会劳动力不够的时候,就有可能推迟退休。推迟退休,可是那时候我们就已经太老了,哈哈哈。"类似这样的信息,有可能是因应媒体与管理单位经常宣传少子化的影响,因此女主角认为或许"就再过十年,可能十几年以后,会不会运用到老人这一块(意指老人的劳动力)"。就未来的劳动需求而言,是不得而知,即使现在因应医疗进步、高龄化与少子化之故,各国政府已在研拟延后退休年龄,站在经济的观点,"一定要的,因为这个是一个国家的生产力。你如果说现在每年毕业的有五万人,那五万人可能到社会上需要有五万个职缺嘛,(届时)也有可能只有三万人,工厂也是那么大间,不知道将来会演变成怎样,也许机器人产生,那可能还是会取代我们"。经济在高龄生活常是老人主要安全感的来源,因此受访者在二度就业的议题上,言谈间无奈地表示从各种角度思考,高龄者似乎都只有被取代的份。或许这也是一直以来媒体大力宣传所造成对老年生活的误解之一。

对于媒体报道影响高龄者印象这一区块,研究者请女主角发表她的看法。她认为:"对我来讲我不会觉得不舒服,因为这个是事实摆在眼前。每一个家庭的孩子变少啦,对不对……以前我记得我是六个兄弟姊妹,到我的孩子是两个,然后到下一代我女儿即便结婚也不愿生育,那你怎么办呢? 对不对。"关于此点女主角采取豁然的态度看待媒体的影响,认为事实就是事实,不随外界起舞,坚持做自己,"所以我觉得……尤其是我们现在,我们常常去受训,我们都是跟老人课程有关的。老人的心理、老人的什么、什么老人的社会问题、老人的什么,这些是我们每一次去都会听到的话题。我个人我不会觉得不平衡,我个人是不会。我觉得事实就在那里,不平衡又怎样呢?""你不平衡又怎样呢?"指出高龄者对外在舆论的无能为力,也没有话语权可以反驳。因此关于高龄者是负担类似这样负面的词语,女主角认为:"这个……可是这个话也要……要看从哪个层面去解释啦。坦白讲十个家庭有八个家庭的老人是负担,一两个老人是有……有效益的。为什么呢? 他可以帮忙照顾家里、照顾小啊! 可是大部分的,尤其现在少子化,有的经过几年,他也不需要你照顾小孩了,你能说他……而且老人有病的时候,你能说不是负担吗?"在高龄者的眼中:"只是我们是希望说当政者啦! 就是有一些比较负面的词,不是说我们粉饰太平啦,但是……有一些东西,就好像我这样讲好不好,这社会上,比如我们现在贫富差距很大,那你一直强调那些奢华的生活,对社会整个也是负面的,对吧!"对此,女主角认为很多,不只是高龄者相关的议题,社会上很多的问题是因为价值观出现了偏离。"我觉得你把你的价值观啦,那你说社会上他就一直在强调,一个包包、一个一个名牌包多少钱,大家都要买,每个人都要买,好像都要背出来互相比。然后一双鞋子多少钱、一个什么多少钱、每一餐饭多少钱,那可是这样子我觉得对社会的整个整个状况是不好的,但是那个事实他是存在的。"受访者举例凡事以金钱衡量,造成社会价值观念的偏差,如同对高龄者的印象:"我觉得说就好像你讲老人嘛,那老人,老人问题是存在的。但是不要一直讲负面的事情出来,就是我们知道他是那样的。我们当然要面对,可是在媒体上面不需要一直……你不讲……提醒每个家庭也都知道,不需要你这样讲我们才知道危机意识。"主管机关的政策与媒体的渲染,造成民众对高龄生活的恐惧。"为政者需要知道这些问题所在,看看有没有什么办法,应该你们拿出办法来嘛。"而不是一直强调可能的负面高龄期,令人心生恐惧,产生恐老或惧老的不健康心态。

五、高龄者的心理健康

　　一直以来主导老人研究的社会学中的撤离理论,常见在高龄者身上应验。针对此点受访者透露她刚从职场退下来时,如何度过这段难熬的时间与如何调适自己的心态。受访者说:"我(退休前)是做那个房屋销售。我们预售屋你知道吗? 就是那个预售房屋。到了五十几岁我就觉得,哎哟有点累了,我不想做了,因为那个压力也很大。然后这个怎么说,就是说退休以后,因为我们原来是做业务,那几乎都在外面啦。我每天几乎是,尤其是房屋销售是没有说那……什么假期的这样子,那天天都是这样子。(退休后)忽然间你会觉得说无代志好做(闽南语,意指没有事情可以做了)。""无代志好做",这句话反映了高龄者刚退休的心理反应与对生活的不适应。本想退休后图个清闲,没想到时间多了反倒不知该如何安排,也带出社会对高龄者的印象。不论在现实生活中或电影里常见退休人士聚集在公园,一般人的直觉反应——觉得这群老人是没事做了,所以才会在公园。但是为何高龄者会主动地群聚公园? 主因自由时间增多与希望有伴。"你今天车子开了出去,你不知道要开去哪里你知道吗。以前我们会觉得去客户家嘛,去那边坐坐、加减牵(闽南语,意指聊天),不然就是回接待中心嘛,反正就是这样嘛。那退休以后你又觉得,要怎么办? 没地方去了?""没地方去了?"点出刚退休人员的无所适从。所以去公园群聚,也只是想办法找点事做,找人聊天打发时间。"那退休以后你又觉得,要怎么办没地方去了? 其实我觉得退休人员,最最辛苦的就是这个部分,他人生就失去了舞台。"再度说明人们自开始工作到退休前,一般仍是以工作为生活重心。也指明退休者,最明显的转变是自由时间的增加。增加的自由时间,若不妥善安排,将容易诱发心理上的空虚与失落。因此退休前从不觉得自己老了,退休后马上感觉到"自己老了",当意识到"老",如果再加上无所事事,生活没有方向,无法重构生活意识,所以可能会老得更快。根据此点,研究者意识到"老化"的议题,究竟是生理老化还是心理老化影响高龄者的生活满意度较大? 媒体过分强调老人是医疗资源的主要消耗者,是否成为促进高龄者刻板印象的推力呢? 所以老人,就是身体不好,资源用于高龄者,按照市场经济的观点来说,就是投资回报率低的投资。长此以往地忽略人道主义,忘了以人为本,忘了对长者的尊重,造成外界对高龄生涯的惧怕,导致老年以经济议题挂帅。以经济为主要衡量下的老年生活,是否真如预期般的幸福,此点值得令人深思。

另外受访者在老年大学的经历,从学习者变成教导者。在身份转变的过程中,自己也在无形中成长并找到生活目标。她指明相较于其他年龄层,设计高龄者的活动更不容易,一方面是生理退化,一方面是社会化是缘故。"你做手工,像我们之前做手工的东西,其实规划课程很难。因为一个班级二三十个人,那二三十个,他通常这个叫什么,差异很大。有的人手很灵巧,很厉害;有的人真的你教他很多遍还是不会。但是你也要耐着性子教他,那你又要让他觉得有学这个东西。所以是你教太难的,人家就觉得有挫折感,老人家也是很怕挫折感的。"整体而言,高龄者的自尊心较强。这种自尊除了来自老人本身外,还有来自年纪较长、长期社会化的自尊。但是因为生理退化,身体反应与生理机能较慢,因此活动设计不能太难,却又不能没有挑战性。"太容易了,人家马上把你看破手脚……这老师教的什么,你不教我们也会了。"没有挑战性高龄者容易失去兴趣,所以"太简单会了就感觉好像今天没有学到什么";太难了又害怕他人眼光不敢去尝试,所以高龄者在老年生活中,常常在想法上会自己与自己拔河,肯定自己却又否定自己。

137

六、老年生活的意义

"我觉得我现在没有那么好的经济能力,我可以少花一点,我可以少买一些东西,我可以啊！我不会觉得说我现在是穿得很破烂,就整齐,对不对?"现今关于高龄生活的议题,大多以经济为主,强调需尽早为退休生活准备,不论是管理单位还是民间宣传,并无明确的想法或做法,仅以存款为衡量标准。关于此点,女主角认为不用在乎金钱的多寡,只要降低物欲即可达到想要的退休生活。另外在健康因素身体退化的影响下,研究者观察高龄者多多少少还是会受到社会眼光的限制,因此询问女主角有没有自己觉得老了后想做却不敢做的事。"我个人来讲,我是不会……不会说很在意这种问题。有时候他们常常会问我说,那个你敢穿吗?我常常一句话讲,没有我不敢的。我自己但是我自己会先看看我这样穿好不好看。"女主角认为重点不在敢不敢,而是自己喜不喜欢。"因为每一个人会有他的那个 Style(意指个人风格)。你会觉得说我的品位是怎样、我喜欢怎样的,属于我想要的那个我是什么样子。那如果穿那样子我觉得不好看,我不是在意别人的眼光,我觉得我不想要这样。首先你要过你自己这一关,不是吗?"演员孙越曾呼吁"高龄者自己要懂得欣赏自己。"如果连自我都无法接受,怎能要求别人?因此高龄者的社会规范对女主角而言:"我没有觉得哪样东西是我不能做的,但是我会评估我的体力啦。比如说我会看到人家去登山,不是很高很高那种山登山。我也很向往、很想去,但是我知道我的体力不行。我们这边会有同事他们喜欢去登山,可是我从来都没有说我要跟。为什么?我是体力不行,我才不要去受罪。他们说什么其他东西,我觉得……只要是你体力,你觉得可以,然后你喜欢,没有就不用去考虑那么多。"

不用过分在意别人的眼光,活得自在,这是女主角一直再三强调并传递给其他高龄者的信息。她再举了一个亲身的例子,"我记得有一年我带我妈妈去泰国东南亚玩。我们在泰国，泰国那个海滩那边吧，PATAYA 那个海边那边。我们坐那个拖曳伞，就那个船这样跑，然后甩到天上这样子，甩上去这样子。我觉得我妈妈那时候已经七十几岁了，我们拍了照回来，其实都认不出哪一个、哪一张是你，因为很高嘛、很远嘛，人家在下面拍照。你知道我妈好聪明喔，她跟我讲，你就看那个你坐的是什么颜色，我坐的是什么颜色。"这个对话显现出高龄者的智慧与看事情不同的观点。"后来回来我哥哥讲，我哥说：'妈妈年纪那么大了，你还带她去坐那个你不怕她。'我们就哈哈哈，我妈妈就说：'如果是很快乐地走，那也是很幸福的事情。'"对于生命的消逝，相较于家中成员，高龄者通常表现出较豁达的态度。但是在某些特殊事件上，仍是会受他者的眼光制约。"我们是觉得不会在乎那个。可能比较会在乎的是说……怎么讲，就是我个人我不会很在乎啦。可是我知道很多长辈，比如说他是单身，就是失婚的啦，或者是丧偶的啦，然后不敢轻易去交朋友。他们怕说别人的眼光，怕别人的眼光。"尽管女主角一直强调对她没有影响，但在言谈之间实已透露出在意社会观感，而其生活周遭，大多数高龄者仍是会在乎他人眼光，会在意结果的影响，所以不敢追求想要的，因而发展也受到了限制。

在高龄期，由于生理的老化，对于周遭的应变能力降低，导致高龄者常常会因不确定因素增多，再加上朋友的消逝，感受生命的无常，不由自主地想东想西。"我常常想一个问题。假如因为我会看一些电影什么的。假如说今天，我就是思考一些问题，因为年纪大了对不对。当然年轻的，年轻的价值会比较高嘛。"面对身体的老化、反应、各项能力变慢的事实，虽是很实际的思考方向，但仍是受到经济生产力观点的影响。"年轻的生命对社会的价值是比较高嘛。啊……年纪大了，可能我们剩下的时间是比较短。啊……短的时间，我们可能也不能做什么多大的事情，所以我就觉得说，哪天，真的发生什么事情的时候，两个人如果一个人可以得救，我一定会让比我年轻的人让他得救。我不知道面临那种状况我会不会退缩啦，可是我心理上我有这种准备。"当一老一少面临危机时,若只有一人得以获救,女主角认为应该把机会让给年轻人,因为年轻人的生存价值大于老人。这样的想法,仍然想要为社会,贡献出自己最后的一点点心力。所以"我觉得说,如果有一天我能够真的说,反正我的年纪已经很大了,只有越来越老嘛。啊……如果有一天我真的能够为别人付出我的……哪怕是生命,我觉得都有价值,对吧。啊……不然你要是什么都没做的时候,有一天你也是……一样啊,你不可能活千千万万年啊,自己也要思考。"思考"死亡"这件事,在高龄期更是需要,不该因为害怕或是忌讳却避而不谈。愈能坦然面对,在迈向生命的终点前,更有机会让自己的余命,过得更有意义,而不是在懊悔中结束。故找出适切的、具弹性的、能适当支配的高龄生涯,更显示有其重要性。因此"我是觉得我的我的老年生活有意义。我就说:'我们不管到任何团体,你在家庭也好,在一个工作职场也好。或者参加一个团体也好,你都要有所贡献。'当你觉得你是有所贡献的时候,你的生命是有意义的,因为那是一种自我肯定吧。人是这样,人也有贡献的需求。"我为人人,人人为我,这是社会得以前进的动力,每个人都会有心想要为他人付出,不需要在乎力量是多还是少,但是话虽如此,然而仍是常见高龄者的退缩,"我觉得他们是讲:'我们又不会做什么。'老人会跟你这样讲。"受访者再举例如何散播小爱,"像我们之前有开美食课。我说:'我们做美食不只是美食。今天假如你做一个好吃的跟他分享一下,多快乐。'你说:'你去你亲戚朋友那边,你带一点,他也是会觉得很快乐对不对。'最重要的我们,我说:'你就把我的理念,因为我们的课程是比较没有什么大的学问啦,但是我都会把我的理念传达给他们。'我说:'我的目标……我今年规划我要做什么什么的目标。'"受访者以身作则,传达自己的亲身经历与经验,发挥影响力,借由参与老年大学课程的人员散播信息。以同为高龄者的身份去说服,希望吸引更多人参与,"我说今年……比如说我说之前过年前,我们炊糕。其实我也不太会啦,黑白(闽南语,意指随便)乱用的。那我就说我们炊糕,当然你们都要带一部分回去跟家里的人分享。但是呢,最重要的你们帮忙做,其实大部分还是我做啦……跟我们的义工做。但是我会跟他们叫他们倒撒刚(闽南语,意指帮忙),让他们也有参与感这样子。当然也有一两个他们就很卖力耶,可是有一些是不太行,那没有关系就是你参与到就好了。"参与老年大学课程的重点,在于参与的过程及与他人的互动,借机建立社会支持,拓展生活圈找到朋友。"我们就说这个是做好,我们就装盒子一盒一盒的。我说:'我们这个是关怀小区独居长辈、弱势的长辈。'我说:'这是我们要去关怀他们的伴手礼。'我们就做很多一盒一盒地做很多就这样。我说:'这个就是贡献。'对不对?哪怕你今天只有帮忙包装,我说:'我们都会给你肯定。'我们也都自己给自己肯定。"

年届高龄期,自我肯定相当重要。若是过度在意他人眼光,无法适当支配自己的生活,会相对地辛苦并变成为他人而活,逐渐地会丧失自我。在老年大学,在简单的活动过程中,高龄者可能重拾做自己的信心,能有机会赢回自己的意识。"你会感觉说,我今天很高兴,我今天都有做,有帮忙做工作,心意,让人家有温暖。"在现实生活中,"其实有的我们讲,我们讲的独居长辈。独居长辈不见得每个都没有钱,有的环境也是可以的,他要吃什么东西他也买得起的,但是他也是懒得出去买。"不论贫富,老人常常因为缺乏出门的动机,不自觉与社会隔离,"像我们做东西可能会拿去,一点点东西……老人家其实是感动的。所以人家讲施比受更有福。你看到他很高兴,你就会感觉到,我今天都做了,没有浪费生命啦"。而且经由同是老人的主动接触,很有可能就多把一位高龄者带出家门。"有时候他还会期待你去,因为年龄相近。"且生活时代相同,经历的事情都差不多,比较有话题,更重要的是同理心,较能体会彼此的甘苦。笔者在撰写硕士论文时,曾与高龄者接触,如同研究结果显示,高龄者通常防卫心较强,因此拜访独居老人时,"坦白讲有时候真的不知道要跟他说什么,只能随便话家常。有时真的不知要跟他说什么,其实有时候你也不知道他真正心结在哪里,也不敢问太多"。道出与高龄者相处时,有更多细节需注意。女主角在自我经营高龄生活的过程中,重构高龄生活意识,付出的同时也丰富了自己的高龄生活,做出了属于她自己的高龄意义——虽然是微薄心力点点烛光,但仍期望可以影响一个是一个,带出一个是一个,让爱传出去,慢慢地向外扩散,让更多高龄者愿意再与社会接轨,重拾生活重心,构建能自我使力、弹性的老年生活。

七、总结

本章中之女主角,她的高龄生活重心,几乎全部就是在老年大学,再慢慢向外延伸至服务小区其他长者。完成此次访谈后,研究者整理出女主角其生活圈之延伸图(图7-4-1)。自诩资深美少女的她,在老年大学重构高龄生活意识,找出可以适当使力的生活方式,尽一己之力为高龄者付出,即使是小小心力,但背后的动机,仍是想为社会付出在驱使着她——希望将更多高龄者带出家门参与活动;希望提高高龄者之生活意识与生活质量;希望高龄者可以成为自己,赢回自己的意识。人生本就是一段冒险的旅程,我们应该放开心胸。就"老"这个现象而言,不应成为阻力,更何况是来自于外界形成的阻力。处在老年期,虽然无法达到巅峰时期的我,但老年的我,仍是有可为的。

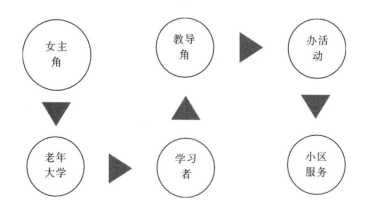

图7-4-1 女主角老年生活圈延伸图

在老年大学中,即使是行动较为自如的健康老人,或许是太在意外界的看法,很多学员仍是会以老为借口。"啊……所以我就跟他们讲。我说:'其实你们很多事情,其实你们都能做,不要跟我讲说我年纪很大了。'我记得以前我都会这样说:'我老了',我妈妈都会问我,'你有我老吗?'"因此"老"是不适合成为借口的,虽然想要的与想做的与实际有距离,但若不放手一搏,将无法继续前进。人生每个阶段都是一个重新开始,老年不是结束而是另一种生活形式的开始。

另外生理上的退化,虽是不可逆的一件事,为了避免成为家庭的包袱,也为了避免自己成为自己压力的来源,"所以我觉得我们自己照顾好自己,不要造成别人的负担",要有自知之明做不到的事,但却可保有一颗勇于冒险的心;别因为老了就放弃尝试控制自己的人生,而是要顺其自然,做能做的,保持弹性;不要太在意他者的眼光,将会有全新的高龄生活意识。《The Second Best Exotic Marigold Hotel》(中文译名《金盏花大酒店2》,2015)电影片尾引了英国诗人Alfred Tennyson(1809—1892)的名作《尤里西斯(Ulysses)》一段话:"我无法停止旅行,我要饮尽生命,亲近欢乐,永怀饥渴之心流浪。我的所见所闻,我已完全融入,层层堆叠的生命,依然嫌少。我唯一的生命,所剩无几。但从永恒的寂静中,抢救的每个小时,让我生命中每个小时,都有新的收获。"老人应当常葆这样的心态,珍惜生命中的每分每秒实为有意义高龄生活之最佳写照。

步入生命历程的金秋,没什么好后悔的,故事没有结束,只是另一个篇章的开始。当生命消逝后,留下的高龄平民典范及其建构之高龄生活意识,相信会影响更深远。鼓励更多已在高龄或是即将进入高龄期的人相信适切的高龄生涯,是有可能的。如同本章之女主角,亲身经历了从忙碌的上班族,进入到自由时间相当多的高龄生活。在无所事事的那段日子,心理压力大于生理压力,以前从未感受到自己老了,却因空闲时间多了,突然间觉得自己老了相当多。经过这一段心理挣扎的过程,让她从无奈的接受者,变成积极的生活者。也因为经历过这样的一个转变阶段,让他在老年大学中,可以更具说服力地引导其他的高龄者,不要妄自菲薄,凡事要把握当下,懂得欣赏自己。所以女主角说我的老年生活意义是"一本初衷,减少欲望,贡献自己少少的心力"。

第八章 研究结果的讨论

本章分为三小节来进行讨论。第一节探讨媒体再现的影响,整理平面媒体报道成功老化的高龄者个案。接着呈现老人电影中对高龄者生活的可能性议题。最后则为与高龄者相关的新闻报道整理,分成经济、福利政策、健康医疗与孤老独居四项议题整理。第二节为探讨高龄者之生活经验,研究者提出现今常见之高龄者称谓,由实际处于老年期之长者提出他们对这些与高龄者相关之名词的感受,验证刻板印对他者的影响。第三节则撷取出本研究重要核心概念,呼应观点转换提及的论点。

第一节 媒体再现的影响

根据搜集整理,从 2010 年至 2012 年有关高龄者现实人生的平面媒体报道,发现至 2012 年有关高龄者之活跃参与报道,相较于前二年,已大幅增加许多,显示与高龄者相关之生活议题越发受到重视,高龄者也愈来愈会安排自我的生活。这样的转变,与以往高龄者只能在家养老与含饴弄孙的观念有所不同。越来越多高龄者跳出制式化的老人窠臼,以各种活跃参与脱离只能担任义工的刻板印象,以实际行动重构生活意识,开始在不同领域发挥。除了创意展现发展自我,有些长者克服生理障碍,真正落实活到老学到老,甚或肩负起传承的工作,走出家门建立老人生活圈,活出属于自己的高龄生活。落实积极老化与活跃老人,适当支配自己的生活,建立属于个体特有的高龄意义,不再局限于社会眼光,积极生活,营造适切的高龄生活。

　　另外整理自2010年至2012年有关媒体与老年相关之议题(如表8-1-1)。结果发现,现今所谓安适的高龄愿景,通常是以经济挂帅为主题,并呼吁要及早准备与及早储蓄。但实际整理这三年之资料,高龄经济议题在三年整体比例仅约占11.69%,但是何以在常人普遍印象中提到老年几乎等同于经济问题?研究者推测,有可能因为大部分的族群是以工作为主要生活重心,故而与经济相关报道较容易引起注意,以致存有此种刻板印象。再加上媒体推波助澜、高龄者生理退化、生产力降低,而且是主要医疗资源的使用者,是故为引起大家重视高龄期与做好高龄期的准备,所以经常提出并倡导以引起关注。但这样的做法,相对地也容易引起其他年龄层对未来高龄生活的恐惧,甚或造成高龄者普遍经济困顿的错误印象,对于高龄期实无太大的帮助。其次不恰当的报道成为压垮老人形象的另一根稻草。主因福利政策本为全民福祉,但过度报道相关信息,容易令人产生高龄者不事生产,却又坐享福利的负面印象。再者,一再宣传老人扶养比的数据,则又将老人变成年轻人负担的推手。而高居前一、二名的健康医疗与孤老独居报道,则为加重高龄者负面印象的原罪。事实上,生理退化本是人生不可逆的过程,过度强调医疗需求,不仅易产生占用资源之错觉,同时也提醒面对必然生理老化时的无能为力。这样的举措,容易令人在人生过程中,当意识到自己老了的时候,会强化其面对老化的消极态度,形成负面的高龄生活。最后,再提到孤老独居的议题,在访谈时发现,高龄者的社会支持在其老年生活中占有相当的重要性。但当高龄者只有在特殊时间点成为"节庆主角"时,各种送暖的活动,立意虽为良善,但凡事皆有一体两面,无形中也强化了孤老独居即是将来的高龄生活之意象,因此想要保有生活无虞的高龄生活就必须再回归经济议题,及早做好准备。如此不断的循环再循环,在个体尚未真正进入高龄期、还在为人生奋斗时,从年轻至中年,已经一再地被灌输高龄生活的各种不适性,被各种来自不同层面的负面信息包围。因此再多的适切老化的实例,也无法证明高龄生活是可以过得精彩与自由自在的。久而久之,高龄生活之刻板印象于焉产生,也凸显出本研究重构高龄者生活意识的重要性。

表 8-1-1　2010 年至 2012 年高龄议题统计

议题	合计
经济相关	764 则
福利政策	1,488 则
健康医疗	2,781 则
孤老独居	2,265 则

第二节　"高年级实习生"的真实经验

2015 年由南西·梅耶斯(Nancy Jane Meyer)导演的电影《The Intern》(中文译名《高年级实习生》),为高龄期提供了一个很好的生命出口与适切的生活意识典范。剧中男主角 Ben Whittaker,以他成熟的智慧与圆融的处世,为他人的生活带来正面的态度与影响。诚如本研究之二位受访者与众多媒体报道之高龄者,他们的人生未因高龄而停滞不前,相反地均是以能力所及适当支配自己的生活,形塑高龄生活意识,体现自己的生命力。如同其他生命历程中之其他年龄层在生命中不断地摸索、学习,其区别只存在于其生理年龄较大,生命经验较为丰富。现代流行话语常以出生年划分年龄。若以常见年龄周期分级,因其年级较高、较为资深,则高龄者应视为高年级。此种表达方式如同约定成俗的语言习惯,例如,1951 年至 1960 年之间出生称之为五年级;1941 年至 1950 年之间出生称之为四年级,以此类推。以此看来,高年级实习生一词,其寓意实包含生理年龄高龄、生命经验丰富、未知的高龄生涯与生命再出发四层意义。人生的每个阶段都只有一次机会，所以每个人都是不同年龄阶段的实习生。高龄者实为整体生命周期之高年级生，也因未知，也没有第二次机会，故在高龄期有高龄者需面对的课题。因此高龄者只是生命这个阶段的实习生，此种称谓也呼应了资深公民一词，只是以较轻松的方式面对，却也同时表达出在各方面资深与对生命未知的含义。

另就本研究而言，关于高龄者之普遍印象，大都是经由外塑而成为概念化的统一印象。从未有人可以返老还童，并提供相关生活经验或重复体验高龄生活（如同高年级实习生之"实习"一词之意义）；也未有人询问高龄者对这些外塑意义或刻板印象的心理感受。因此对于未来的高龄生涯，每个人的高龄愿景都是听来的、模糊的、揣摩的高年级实习生，只能在摸索中前进。故在本研究中，根据研究设计，由受访之男、女主角，针对可能对老年意义产生刻板印象之相关问题或词语发表看法。兹整理如下：

一、关于高龄者之称谓

较常见称呼为"老人""长者"或"高龄者"。有关此三个词语，高龄者的感受整理如表8-1-2。研究者发现一般提到"老人"，不管是否为高龄者，对这个词语的感受大都是负面的，而且伴随着生理退化的形象，几乎可以说是老人形象的标签，且与刻板印象强烈连结，容易令人产生不舒服的感受；而"长者"与"高龄者"二词，则相对不会有那么明显的负面暗示，甚至一听到此二词，会令人觉得受到尊重。但不管哪种称谓，此两个词语，受访者皆认为可代表年纪大的人。另有关国内外高龄者的研究，近年来较常见的，大都改称呼为"资深公民"。此一词语，具有多重意义，最重要的是具有"尊重"与"生活能力"的双重意义。因为资深，代表具有一定的年龄与经验；而公民，则是代表着未与社会隔离或脱节，也未从社会中撤离，仍是属于社会中的一分子，因此仍是享有公民的同等权利与应尽之责任,而非次等公民,故近年来与高龄者相关研究,大都以"资深公民"称之。

表 8-1-2　高年级实习生对于常见称谓的感受

	老人	长者	高龄者
男主角	1.觉得老扣扣(闽南语,意指很老)啊! 2.要人照顾啊! 3.看起来就是走很慢。 4.老人好像会有点讨厌、负面的形象。 5.被标签化。 6.被人家会认为是哇社会的负担、家里的负担、好像没有用这样子,老而无用。 备注:可是我们觉得我们不是那样子啊!	1.会让人觉得有风范。 2.他虽然老,可是他精神好让人有学养敬重。	1.高龄者好像比较中性一点啦! 2.不会让你觉得这个字特别的刺眼啦、不舒服。 3.也没有让人家觉得像长者这样子觉得说好像值得尊敬的。
女主角	1.一般我知道都不喜欢听到老人啊! 2.觉得日暮西山啊! 3.就是没落啊! 备注:像现在我们都尽量不要去叫人家老人啊!	1.就年龄大呀! 2.长辈嘛! 3.令人尊重的人!	1. 没有那么多负面的感觉啦! 2.年龄啊,年龄的问题而已啊!

二、只要我喜欢,到底可不可以?

在现实生活中,当个体因生理退化的因素,导致健康等问题产生。因此为了高龄者好,所以很多原先可以做的事,在健康出现警讯后,在家人、朋友善意的保护下,变成他者阻止的主要理由。老人想做却因善意的阻止不能做的事,成为高龄者心理压力与生活意识的阻碍。但在人类历史中,生活与经验是很重要的一环,也是个体价值与生命意义的来源,经验与生活是密不可分。经验从生活中累积,生活是个体价值的一块基石。因此为了理解生活与个体价值之间的关系,在访谈男、女主角时,发现在他们二位的生活经验中,其实他们感受到限制的事不多,但让他者放心的理由,很重要的一点——高龄者要量力而为。例如,男主角提出跑马拉松、年龄大一点会说不可以开车、坐云霄飞车等这些具危险性的活动,最大的考虑点还是生理因素。所以为了避免让他者担心,因此就男主角而言,他认为比较具刺激性的活动较不建议,但若健康情况允许的话,则不用太加以限制,而即使不限制,前提仍是要懂得休息,如此才能让关心的力量成为助力而不是阻力。女主角则认为高龄者的生活能否自理较具关键因素。如果行动自如,则家人限制会较少,也比较不会成为他人的负担。其次则是高龄者本身的态度,尽量避免倚老卖老,不要认为自己年纪老了,就可以理所当然享有特权。不同年龄层,彼此互相尊重,则相对受到的限制也会较少,也不会造成年轻人对高龄者的偏见,同时家人也会较放心,让高龄者享有较多的自由。

三、总结

综合上述访谈二位受访者发现,正在高龄期实习的二位高年级实习生,都很满意而且很享受目前的高龄生活。因此他们感受到的外在限制也不多,所以能轻松自在地体验高龄生活带来的乐趣,社会限制与高龄者的刻板印象,对他们而言,几乎不是问题。原因在于此二位高年级实习生,他们活得自在,也认为他们现在的高龄生活具有价值,充分活出自我,又能体现生活能力与尽一己绵薄之力贡献社会,建构出属于他们的高龄意义与生活意识。因此外在环境认为的老年问题,并不会成为困扰。他们努力活在当下,并成为我所可能的自己。虽是庶民生活,却可成为平民典范,落实了本研究主题的精神——老人再现与重构高龄者生活意识,找到适合自己的高龄生活,让自己的高龄生涯具有弹性。

另外,诚如本章第一节之媒体整理结果,一再强调经济对高龄生活的影响议题,有可能因为未知,只会造成对高龄生活的误解与恐惧。固然经济为高龄生活的一环,但相较于高龄者本身,就研究者之研究经验,经济并不等同于高龄者生活的全部。其实高龄者对于日常生活与物质要求并不多,较大笔的支出通常与健康相关,而现今的保险制度,亦已包括大多数常见生理疾病,但因媒体过度强调老人福利、保险与医疗,使高龄者成为不事生产且为资源的主要消耗者,容易引起社会不公的印象,有可能引起仇老的心态,进而对高龄者产生排斥,因此屡屡宣传高龄生活所费不赀、需要及早准备等,将经济问题几乎与高龄者生活质量画上等号,这样不仅不适切,也容易加深高龄负面的刻板印象。

第三节　核心概念的综述

现今与高龄者相关对于老年的研究,是基于希望唤起民众对高龄期的重视,提早预防、提早准备,以增加对高龄期的了解,并减少高龄期可能发生的适应问题。但依目前所形成的理论,在应用上明显不足,大多仅是挖掘高龄者可能面临的问题,老人似乎成为问题制造者,致使忙于解决"问题"而忽略了其他的可能性,这样的观点也是将老人问题化的元凶之一。Erikson 穷其一生的研究,在人生第八阶段,强调高龄期面临的是一种整合的过程,包含个体行为与限制、抉择与拒绝、力量与脆弱(周怜利译,2000)。这是一股在心里往两端不断地相互拉扯的力量,因此所谓的老年整合,即必须找出个体的心灵平衡点,以找出安心的位置,所以必须以圆融的智能与完整的生命经验,整合过去的生命与未来的生活,进而寻求个体生命周期的位置,找出个体生命位置与个体生活意识及其价值,也才能适当发挥能力再产生新的意义,也才能在生理功能的衰退中,重新唤醒自我之价值、肯定自我之价值。本研究之目的就是要找出这样的可能性,希望高龄者能有赢回自己的意识,而不是盲目地遵循社会规范,重建自我生活,他者也才能以客观的方式来重新理解他人的行动意义,如此才有可能减少因误解而产生的刻板印象,或降低对于高龄期的不便或不适感。

依据研究结果,高龄者刻板印象的产生与外在规范密切相关。个人身体以外的行为、思想和感觉,经常被一种无形的强制力施行于个体。若是服从,则个体易感受到安全感,则不觉被压迫,但若想反抗,便产生压迫感。反思现今与高龄者相关的研究,大多是以他者主观的想法,代替高龄者思考"何谓适当的高龄者行为",个体意识被群体意识以安全感或习惯为名绑架,在这样的情形下,更凸显出本研究核心概念的重要性。故综合上述提出下列观点:

一、"老人"即为个体生命意义的累积

生命是一个历程,不能片面截取或断章取义。早期的生存活动力,无法持续保持到老年。但生命经验却会随着年纪保存下来,并形成高龄者特有的智慧,甚至成为老年时期安全感的来源。因此,面对高龄期,必须是一个"全人"的观念。生命中的每一个阶段,皆是下一个阶段的基础,均有连贯性,具有不可磨灭的意义,高龄期亦不例外。而且高龄期将是人生的总结,所以"老人"为个体生命意义累积的有机体,而非将老人归为社会边缘人。

二、"老年期"可以是人生另一阶段新生活的重新开始,而不是等待生命的结束

因为各种因素,工作占据了人生最精华的阶段。青、壮年期所追求一切已不属于老年期的生活重心,因此到了高龄期个体必须重新审视自我,调整脚步再出发。重构生活意识,以最适合个体身心之状态,找出属于自己能够适当使力的生活价值与生活步骤,再次开创属于自己的另一段人生高峰,而且是幸福的人生高峰。是故高龄期为生命另一阶段新生活的重新开始,而不是灰暗或无作为地等待生命结束。高龄者需要有赢回自己的意识的勇气,以跳脱长期以来社会制定的框架,以最适状态找出自我的高龄期意义。

三、"老化"仅是老年学的一环,老年学也不应只注重生理性老化衍生的问题

一般对于老人的界定,主要仍是生理状态为主要衡量基准。生理退化固然是不容易挽回,但如果认知生命是一个流动的过程,则没有什么是恒常不变的。唯有成为我所可能成为的自己,才能创造出自己的生命历程与生命意义。故将眼光执着于生理性老化的议题,虽无不可,但毕竟不周全。主因再怎么聚焦生理性退化的问题,个体仍是无法完全主宰。相较于生理性的机能退化,不同的是大脑的思想运作与发展是个体可以控制的,而且有机会以有限的生命创造无限的意义价值。如同本研究媒体报道中之众多老人再现,呈现出高龄者圆融的

智慧与珍贵的生命经验,这些都是文化社会的累积。是故上帝可以决定个体生命的长短,但却无法决定生命意义的留存。由此得知,老化的现象仅是高龄生涯其中很小一环,应将眼光扩大到高龄的自我生命意义,以体现高龄者为人类社会之珍贵资产。

四、第三人生的开创者:"适切的高龄生涯"为个人重新建构能够适当使力、具弹性的、属于自己的老年的生活意识。如同建构一个新舞台、新人生,真实面对自己的高龄生涯

在整个高龄期,高龄者是否有必要非得表现得像他者所预期一样的社会形象,这是每一位高龄者的自我迷思。高龄者必须相信自己,必须以特有的人生经验与生命智慧,勇敢地跳出迷思。相信在高龄期所有有意义的学习与活动,都值得被肯定也应该被珍惜,并且在日常生活的过程中即可享有,而非在特定的时间点才被想到。

在适切的高龄概念中,每一位高龄者都是高年级实习生,既然是实习生,就要大胆地尝试,而外界对待高年级实习生的态度,则应比照符合语言习惯与媒体用法的四年级生、五年级生或六年级生等这样的年级脉络,不应区别对待。既然认同高年级是个具有弹性的阶段,代表如同其他年级生,仍具有学习能力或各种的可能性,只是动机不同并多了一个较长的预备期(此处所言之预备期包含两层意义,分别指的是高龄者跨出心理门槛的时间与人生前几个阶段之生命累积)而已。相比其他年级生,高年级实习生若能葆有赤子之心与学习动机,以其所能丰富其高龄生活,更是难能可贵。子曰:"学而时习之,不亦乐乎?"近几年推广的"终身学习""常青学院""老年大学",不正是高龄者"适切而可能的高龄生涯"的最佳写照吗?所以高龄者须建构老年新观念,开启第三人生,从预备起始—开始学习—加强动力—努力实践—创造适切而可能的高龄生涯,真实地面对自己的高龄生涯。故本研究定义之适切的高龄生涯要素(图 8 - 3 - 1),

即为活到老,学到老,以开放的心胸,形塑高龄生活意识,体验属于自己能够适
当使力的高龄生活。

图 8 - 3 - 1 适切的高龄生涯构成要素

第九章　结论与建议

第一节　结论

人生如同一本书，分成好几个章节，有人是长篇小说、有人是小品文章，不论长短，均是一本独特的生命书，而每一个体就是书中的男女主角，同时也是书本的作者，高龄人生，就像是生命书本即将总结的篇章。人生也像是一个舞台，最后一幕的精彩就是高龄期，舞台上的主人翁（pretagonist）与反派势力（antagonist）不断地在剧里相互对抗着，而在落幕前的人生舞台，主人翁依然是高龄者，而对手则是变成外在社会。一如既往，主人翁仍继续独挑大梁，承担一切并与外在环境彼此不断地在对抗着，谋求一种动态的平衡，适当支配自己的生活，再现老人风华，期待得到一个完美结局。

如同在本研究中，从第四章整理现代老人活跃参与的再现，到第五章、第六章男女主角的现身说法。研究发现在整个高龄期，最重要的是高龄者生活意识的重构，寻求心理与生理的平衡点，希望能够适当支配自己的生活。因此适切而可能的高龄生涯即在日常生活中不断地实习、摸索然后调整，呼应了"高年级实习生"的称谓，也说明高龄者是具有生活意识的有机体而非被人操纵的木偶。另外，在本研究中也发现，认为自己享有适切的高龄生涯者，都是以开放的心胸，一本初衷，活到老学到老，成为我可能成为的自己、做自己，让高龄期生活尽量具有弹性。以此体现生命的意义与圆融的智慧,努力地参与社会、为社会奉献一己之能与分享老年人的特有珍贵经验。因此高龄者为自己创造出属于自己的老人舞台,开启自己的第三人生。在这样的氛围之下,同龄者的社会支持、服务他者、进修、传承,成为拥有高龄生活意识之高龄者的生活重心,也成为他们积极生活的来源与动力。

生命本身就是一种冒险,看你有没有胆量去挑战。Steven Spielberg 在 1993 年上映的电影《Jurassic Park》里的经典台词:"Life finds a way(生命会找到出路)。"未知的出路,就是一种冒险,如同生命,一个只有前进没有后退的旅行。所以在没有回头的前提下,他者更应尊重每个个体的独特性。故就高龄者而言,再不把握当下,不敢尝试才是真正的损失。现实层面很多的可能与否,取决于高龄者面对挫折的态度,周遭讨厌麻烦的事可能很多,但就高龄者而言,最讨厌的是自我可怜与害怕,外在环境真正能影响的,就是心理层面。久而久之成为不敢尝试的正当理由。就人的本质而言,实在不需要去对未知事物产生过度恐惧,因为同龄者与家人的支持可以协助克服;而学与思,则在这生命过程中,将一直不断的陪伴个体成长,并不断的调整生活意识,适应外界变化。故而再怎样不舍,过往都已一去不复返,唯有当个体适应高龄期的不便,接受现在的自己,生活才有可能变得丰富;高龄者才能把握现在,最终一切都会慢慢变得美好,如果有不好的地方,就表示终点还没到。

因此,本研究希望鼓励高龄者能够具有赢回自己的意识,体认到自己是人生的主角而不是旁观者,建立适切而可能的高龄生涯。这样的高龄生涯并非功成名就,而是摆脱生理老化困扰,具有自我高龄生活意识,自认活得精彩、能适当支配自己的高龄生活,能轻松体验高龄期生活带来的乐趣,不论大小,能为社会奉献一己小小心力,即为适切的高龄生涯的展现。

第二节　建议

本研究希望提供身处不同年代的人,具有反思精神,重新思考人类终将面对的高龄期与高龄者处于以青壮年为主导的社会中的情形。增加互相了解,减少恐惧,恐惧的形成有很大的一个原因是来自不了解,以至于以讹传讹。久而久之,积非成是形成刻板印象。因此,本研究提出的建议分成给高龄者与其他年代的人,最后则为给后续有志于研究高龄者的建议。

一、给高龄者

不论在任何时间,每个人都有属于他自己的风采,要懂得欣赏自己。每一条刻纹,都是生命的刻痕,活到老年可以是一件很美的事。老年生活可以是一种享受,当个人的眼光改变,就出现了不同的视野,心里也能感到满足。进入高龄期实不用留恋以前的自己或害怕现在的自己。好事不会自己发生,要主动追求,要保有热情、乐趣、勇敢、学习、为社会服务,只要行有余力,几次都行。要保有敢做梦的权力与勇气,梦想是适切而可能的高龄生涯的基础,从不同的角度思考,高龄者的日子,可以过得更轻松。例如,因为生理退化,年长者走路,虽没有从前来得快或来得方便。但换个角度想,却能欣赏缓步徐行的感觉,享受慢生活,不也是另一个很美的老年风景? 倘若步入老年期,无法形塑高龄生活意识,一味地任由负面情绪左右,长期被困扰,拒绝看见光明和快乐的事,即使它们已近在眼前,最终只会践踏自己或别人的快乐。长此以往,老人会被忧郁与孤独感慢慢侵蚀,最终占据整个心灵,所以老年将不是更轻松,而是更没用。《论语·述而》:"……子曰:'女奚不曰,其为人也,发愤忘食,乐以忘忧,不知老之将至云尔。'"当老年生活得以"乐以忘忧"时,"健康""经济"……将仅是老年生活里众多事务中的其中"一件"而不再是困扰。是故建议高龄者,务必保持开放的心灵与生活态度,勇敢地接受高龄期,建立学习动机、强化社会支持,透过学习新事务,而不自绝于人群,真正落实高年级实习生的意义。子曰:"学而时习之,不亦乐乎。"正是终身学习的精神所在,也是老年人学习的舞台。

二、给其他年代的人

高龄者是以其生命的历程在教导其他年代的人,老人的生命经验与人生智慧,是人类社会最可贵的遗产。现今高龄者面临的处境,若不改善,未来就是现在其他年代的人的高龄生活。社会变化日新月异,生活脚步愈来愈快,不管人、事、物,一切都希望快、快、快。相形之下,生活愈来愈便利,而在如此紧凑的步调下,每个人的生活压力却也愈来愈大,因此在一切追求快速的情形下,其他年代的人的耐心却日渐减少。再加上因为很少接触高龄者,故常以自身观感为出发点,为高龄者制订框架,限制了高龄者的发展,而高龄者也因社会化与生理退化之故无法及时因应。在这样的情况下,无形中给了高龄者很大的压力。或许在年轻一辈尚未真正进入高龄期时,健康的身体与快速反应的能力,弥补了很多不足处,以致未思考高龄期时的各种不便,或认为这是以后的事,现在还跟我无关。但突然有一天,一旦意识到"老",则会手足无措,甚至封闭身心或产生恐惧,再加上外在环境长期不断传递有关高龄生活不适切的信息,这都有可能加深负面印象,以致其他年代的人会因不了解或错误解的印象,而对高龄者产生排挤或害怕与高龄者接触。因此,为了增进不同年代的人的理解,于大学通识课程可以开设老人相关课程;于职场上可研议推迟退休年龄或再次晋用退休后之高龄者,并可于休闲活动上设计跨年代的活动,增加与高龄者互动的机会,以提升其他年代的人对高龄期的认知。

三、给后续研究者

现今有关高龄者的研究相当多，但大多主客体异位，由客体研究反推回主体。因此在后续相关研究上，就正向研究而言，可以从确立高龄者主体地位着手，以高龄者自身为出发点，研究与高龄者相关之个体生命意义、生命史、高龄者的社会支持、时间的利用、被需求感、付出的满足感、高龄意识的探讨等方面。鼓励多采纳人生的正向面对观点研究，以正向观点为基础研究，为其他年代的人提供不同的观点，减少恐惧高龄期的心理；在反向研究上，从预防的观点探讨，由于就高龄者自身而言，即使不愿意，但受生理退化的影响、力不从心、工作缩减、朋友减少等因素，孤独感常不自觉地随时袭来。因此在相关研究上，高龄者的学习动机、学习障碍、忧郁研究、家庭与社会的负面支持、外界负面信息、不当的老人福利政策等，皆有可能成为影响高龄者自我认同与适切的高龄生涯的因素。这样的议题，均值得再多投入研究其相关性，了解背后的原因，从根本处解决。最后，在研究者的研究过程与从事老人工作的经验中，也发现一个特别的现象。在进入高龄期后，女性高龄者其自主性通常较男性高龄者高，也较会安排高龄生活。女性高龄者具有强烈的生活意识，也较积极或有勇气接触人群或参与活动。针对此种现象，不同性别的高龄者的生活态度及影响因素，也颇值得后续研究者深入研究。

文化影响行为，行为形塑文化。文化与社会是由人类的意识与生活经验所共同建构的，因此，会影响同一脉络下个体的观点，并成为其群体共同的价值观、知觉、思想、情感及行为的原则，这样的原则扮演社会控制的机制，形塑并影响个体的行动。但是每一个个体的独特性是促进社会发展的力量，"老人"也不例外。因此，如同传统中国文化观点下的老人形象——"老人"应视为人类社会的宝；西方发展观点下的老人——"老人"是老有可为的。故而不管身处何种时期，均应重新审视自身对于老年期的看法，而老人本身也不应妄自菲薄，需重新体认"老年期"可以是人生另一阶段生活的重新开始,可以在丰富的生活经验的基础上所搭建的新生活,也将是精彩的、多样的与令人期待的。"老化"只是生理的一个过程,这个过程中有很多的选择,也有很多可能的结果。刻板印象的"老年"并非老年生活的全貌,"老人"的负面形象也无必然性,将老人视为社会问题或负担,更显得狭隘与不适当。想突破这一切不合时宜的"社会原则",唯有当高龄者真实面对、接受高龄的自我,适当支配自己的生活,了解自我意义,做自己、成为我所可能成为的自己,那么所有刻板的、既定的框架都将变得毫无意义。没有了框架,眼前的"老人"将是多么的不一样;没有了框架,高龄者生活意识将可以重新建构,而这将是一个新的体验,一个新的结果,必将形成一种新的高龄意义与社会文化。

参 考 文 献

[1] 余德慧. 文化心理学的诠释之道[J]. 本土心理学研究,1996(6)：146-202.

[2] 李宗派. 老化理论与老人保健(二)[J]. 身心障碍研究,2004,12(2):77-94.

[3] 林丽惠. 高龄者参与志愿服务与成功老化之研究[J]. 生死学研究,2006(4):1-36.

[4] 林丽惠. 高龄学习者成功老化之研究[J]. 人口学刊,2006(33):133-170.

[5] 姜得胜. 解析"解构主义"[J]. 教育资料与研究双月刊,1998(22)：66-71.

[6] 徐慧娟,张明正. 老人成功老化与活跃现况：多层次分析[J]. 社会福利学刊,2004,3(2):1-36.

[7] 张汝伦. 现象学方法的多重含义[J]. 哲学杂志,1997(20):90-115.

[8] 张怡. 影响老人社会参与之相关因素探讨[J]. 小区发展季刊,2003(103)：225-235.

[9] 游美惠. 内容分析、文本分析与论述分析在社会研究的运用[J]. 调查研究,2000(8):5-42.

[10] 黄富顺. 福建地区民众对于迈入高龄化社会看法之调查[J]. 成人及终身教育,2007,18:21-37.

［11］刘一民. 描绘现象学与休闲概念的研究［J］. 体育学报,1981(3):43－46.

［12］薛桂香. 老化理论［J］. 老年护理学,2000,15－27.

［13］鲁贵显. 在社会秩序的或然性与不可能性之间——从解构到系统［J］. 政治与社会哲学评论,2003(4):1－27.

［14］Dorling Kindersley Limited(Ed.) *The Psychology Book*,心理学百科. London, England:Dorling Kindersley Limited. 徐玥,译. 北京:电子工业出版社,2011:130(译本出版于 2020 年).

［15］Fairclugh N. 话语与社会变迁［M］. 殷晓蓉,译. 北京:华夏出版社,1992.(译本出版于 2003 年).

［16］Gergen K J. 社会建构的邀请［M］. 徐婧,译. 北京:北京大学出版社,2011.(原著于 1999 年出版)

［17］Jung C G. 象征生活［M］. 储昭华、王世鹏,译. 北京:国际文化出版公司,2011.(原著于 1957 年出版)。

［18］Mills C W. 社会学的想象力［M］. 陈强、张永强,译.北京:生活·读书·新知三联书店,2016.(原著于 1959 年出版)

［19］Potter J, Wetherell M. 话语和社会心理学［M］. 肖文明、吴新利、张擘,译.北京:中国人民大学出版社,2006.(原著于 1987 年出版)

［20］Anderson J G, Bartkus D E. Choice of medical care:Abehavioral model of health and illness behavior［J］. *Journal of Health Soc Behavior*, 1973(14):348－363.

［21］Avdi E, Georgaca, E. Narrative research in psychotherapy:A critical review［J/OL］. *Psychology and Psycho therapy:Theory, Research and Practice*,2007,80(3):407－419. DOI:10.1348/147608306X158092.

［22］Balges P B, Baltes M M. *Psychological Perspective on Successful Aging:The*

Model of Selective, *Optimization with Compensation*[M]// In P. B. Baltes & M. M. Baltes(Eds.), Successful aging: perspective from the behavioral science. New York: Cambridge University Press, 1990: 1 - 34.

[23] Baumeister R F. *Meanings of Life*[M]. New York: The Guilford Press, 1991.

[24] Berger P, Luckmann T. *The Social Construction of Reality: A Treatise in the Sociology of Knowledge*[M]. New York: Penguin Group, 1966.

[25] Bergman I. *Smultronstället*(中文译名:野草莓)[Z]. Produced by Allan Ekelund. Written by Ingmar Bergman. Sweden: Svensk Filmindustri, 1957.

[26] Brentano F. *Psychology for an Empircial Standpoint*[M]. London: Rougledge, 1874.

[27] Bruner J. *Actual Mind*, *Possible Worlds*[M]. Cambridge, MA: Harvard University Press,1986.

[28] Bruner J. *Acts of Meaning*[M]. Cambridge, MA: Harvard University Press,1990.

[29] Crowther M R, Parker M W, Achenbaum W A, Larimore W L, Koenig H G. Rowe and Kahn's model of successful aging revisited: Positive spirituality, the forgotten factor[J/OL]. *The Gerontologist*,2002, 42(5), 613 - 620. DOI: 10.1093/geront/42.5.613.

[30] Cumming E, Henry W F. *Growing Older: The Process of Disengament*[M]. New York: Basic Books, 1961.

[31] Denzin N K. *Interpretive Interactionism*[M]. Thousand Oaks, CA: Sage, 1989.

[32] Edwards D, Potter J. *Discursive Psychology*[M]. London: Sage, 1992.

[33] Ellis J M. *Against Deconstruction*[M]. Princeton, New Jersey: Princeton Uni-

virsity Press, 1989.

[34] Erik H E. *Adulthood*[M]// Reflections on Dr. Borg's Life Cycly. In ERIK H. E. (Ed.), New York: W. W. Norton & Company,1978: 1 – 31.

[35] Fabry J. Use of the transpersonal in logotherapy. In SEMOUR BOORSTEIN (Ed.) *Transpersonal Psychology*[M]. Plao Alto, CA: Sciene and Behavior Books, 1980.

[36] Fallon P E. *An Ethnographic Study: Personal Meaning and Successful Aging of Individuals 85 Years and Older*[D]. Texas: Texas Women Unviersity, 1997.

[37] Fleming A A. *Older Men "Working it out": A Strong Face of Ageing and Disability*[D]. Sydney: The University of Sydney, 2001.

[38] Foucault M. *The Order of Things: An Archaeology of the Human sciences*[M]. New York: Vintage, 1970.

[39] Fowler R. *Norman Fairclough, Critical Discourse Analyisis The Critical Study of Language LondonLongman 1995 Pp XIII*, 265[M]// Language in Society, 26(3): Cambridge University Press, 1997: 421 – 423.

[40] Frankl V E. *The Will to Meaning: Foundations and Logotherapy*[M]. New York: Penguin Group, 1969.

[41] Fries J F. Aging, natural death, and the compression of morbidity[J]. *The New England Journal of Medicine*, 1980, 330(3): 130 – 135.

[42] Garfinkel H. *Studies in Ethnomethodology*[M]. Englewood Cliffs, NJ: Prentice – Hall, 1967.

[43] Gergen K J. The social constructionist movement in modern psychology[J]. *American Psychologist*, 1985, 40(33): 266 – 275.

[44] Gergen K J. *An Invitation to Social Construction*[M]. London: Thousand

Oaks, Calif. : Sage, 1999.

[45] Giddens A. *Sociology: A Brief of Practice*[M]. Cambridge: Cambridage University Press, 1990.

[46] Grinffith T D. *The Relationship Between Death Awareness and Successful Aging Among Older Adults*[D]. Florida: The Florida State University, 2001.

[47] Hareven T K. The last stage: Historical adulthood and old age. In Erik H E (Ed.) *Adulthood*[M]. New York: W. W. Norton & Company, 1978: 201 – 216.

[48] Havighurst R J, Neugarten B L, Tobin S S. Disengagemnt and Patterns of Aging. In Neugarten B L. (*Ed.*) *Middle Age and Aging: A Reader in Social Psychology*[M]. Chicago: University of Chicago Press, 1968.

[49] Heine S J. *Cultural Psychology*[M]. New York: W. W. Norton & Company, 2011.

[50] Herman D. *Narratologies: New Perspectives on Narrative Analysis*[M]. Columbus: Ohin State University Press, 1999.

[51] Haug M O. *Age and Medical Care Utilization Patterns*[J]. J Gerontology, 1981, 36(1):103 –111.

[52] Husserl E. *Cartesian Meditaions*[M]. Kluwer Academic Publishers, 1999: 157.

[53] Nascher I L. *Geriatrics*[M/OL]. Philadelphia: P. Blakiston's son & Co. , 1914. https://openlibrary. org/books/OL6564773M/Geriatrics.

[54] Jefferson A. Structuralism and post-strucruralism. In Jefferson A, Robey D. (Ed.), *Modern Literary Theory: A Comparative Introduction*[M]. London: B. T. Batsford Ltd, 1986: 92 – 121.

［55］Kakar S. Shamans，*Mystics and Doctors：A Psychological Inquiry into India and Its Healing Traditions*［M］. Boston：Beacon Press，1982.

［56］Kaplan B H，Cassel J C，Gore S. Social support and health［J/OL］. *Med Care*，1977，15(5)：47－58.

［57］Spielberg S A. *Jurassic Park*(中文译名:侏罗纪公园)［Z］. Produced by Kennedy K，Molen R M. Written by Koepp D，Crichton J M. United States of America：Universal Studios，1993.

［58］Kronenfeld J J. Provider Variables and The Utilization of Ambulatory Care Services［J］. *J Health Soc Behavior*，1978(19)：68－76.

［59］LeVINE R A. Properties of culture：an ethnographic view. In Shweder R A，LeVine R A. (Eds)，*Culurte Theory：Essays on Minds，Self and Emotion*［M］. Cambridge：Cambridge University Press，1984.

［60］Lin N Simeone S，Ensel W M，Kuo W. Social support，stressful life events，and illness：a model and an empirical test［J］. *Journal of Health and Social Behavior*,1979(20)：108－119.

［61］Lorre J E. *Social Support and Well-being of the Elderly*［D］. Long Beach：California State University Long Beach，2003.

［62］Markus H R，Kitayama S. Culture，Self，and the Reality of the Social［J/OL］. *Psychological Inquiry*，2003，3(14)：277－283.

［63］Mcadams D. *Power，Intimacy，and the Life Story：Personological Inquiries into Identify*［M］. New York：Guilford Publications，1988.

［64］Mcguire F A，Boyd R K，Tedrick R E. *Leisure and Aging：Ulyssean Living in Later Life*. (3th ed.)［M］. Champaign，IL：Sagamore Publishing，2004.

［65］Mishler E G. Research interviewing：Context and narrative［M］. Cambridge，

MA：Harvard University Press，1986.

[66] Much N. Rethinking psychology". In Smith J A, HARRÉ R, Langenhove L V. *Cultural Psychology*[M]. London：Sage Publications Ltd. , 1995：97 – 121.

[67] Meyers N J. *The Intern*(中文译名:高年级实习生)[Z]. Produced by Farwell S, Meyers N J. Written by Meyers N J. U. S. A. ：Warner Bros. Entertainment, Inc. , 2015.

[68] Norris C. *The Deconstructive Turn*：*Essays in the Rhetoric of Philosophy*[M]. London；New York：Methuen, 1984, c1983.

[69] Oberli B. *Late Bloomers*(中文译名:内衣小铺)[Z]. Produced by Sinniger A. Written by Oberli B. Switzerland：Catpics Coproductions, 2006.

[70] Parker M W, Bellis J M, Bishop P, Harper M, Allman R M, Moore C, Thompson P. A multidisciplinary model of health promotion incorporating spirituality into a successful aging intervention with African American and white elderly groups[J/OL]. *The Gerontolgoist*, 2002, 42(3)：406 – 415. https://academic. oup. com/gerontologist/article/42/3/406/614457? login = false. DOI：10. 1093/geront/42. 3. 406.

[71] Patterson O. *Slavery and Social Death*：*A Comparative Study*[M]. Cambuidge, Mass. ：Harvard University Press, 1982.

[72] Tillich P. The Meaning of Health. In The meaning of Health. In Lefevre P (Ed.), *The Meaning of Health*：*Essays in Existintialism*, *Psychoanalysis*, *and Rligion*[M]. Exploartion Press of The Chicago Theological Seminary, 1984.

[73] Peck R C. Psychological Development in the Second Half of Life. In Neugar-

ten B L Neugarten（Ed），*Middle Age and Aging*［M］. Chicago：The University of Chicago Press，1968：88 – 92.

［74］Phillips J, Ajrouch K, Hillcoat – NALLÉTamby S. *Key Concepts in Social Geronotology*［M］. New Youk：Sage Publications Ltd. , 2010.

［75］Pilcher J. *Age and Generation in Modern Britain*［M］. Oxford University Press, 1995.

［76］Polkinghorne D E. *Narrative Knowing and the Human Sciences*［M］. Albany, New Youk：State University of New York Press, 1988.

［77］Pope M. *Constructivist Educational Research：A Personal Construct Psychology Perspective*［C］. Keynote Paper at XI International Congress on Personal Construct Psychology. Barcelona, Spain, 1995.

［78］Riessman C K. *Narrative Analysis*［M］. Newbury Park, CA：Sage Publishings, Inc. , 1993.

［79］Riley M W. Aging and Society：Past, Present, and Future［J］. *Gerontologist*, 1994, 34(4)：436 – 446.

［80］Rowe J W, Kahn R L. Huamn aging：Usual and successful［J］. *Science*, 1987, 237：143 – 149.

［81］Sabin T R. The Narrative as Root Metaphor for Psychology. In Sabin T R (Ed.), *Narrative Psychology：The Storied Nature of Human Conduct*［M］. New York, NY：Praeger, 1986：3 – 21.

［82］Shweder R A. *Thinking Through Cultures：Expeditions in Cultural Pxychology*［M］. Cambridge, Ma. ：Harvard University Press, 1991.

［83］Shweder R A, Sullivan M A. *Cultrual Psychology：Who Needs it?*［M］. American Review of Psychology, 1993(44)：497 – 523.

[84] Schutz A, Luckmann T. *The Structures of the Life – world* [M]. Evanston, IL:
Northwestern University Press, 1973.

[85] Sidorenko A. The International Year of Older Persons – 1999 [J]. *Journal of
Aging and Physical Activity*, 1999, 7: 1 – 4.

[86] SVĚRÁK J. *Empties* (中文译名:布拉格练习曲) [Z]. Produced by Abraham
E, SVĚRÁK J. Written by Sverak Z. Czech Republic: Biograf Jan
Sverak, 2007.

[87] Valsiner J. The Historical Linkages of Culture and Psychology. In Valsiner J
(Ed.), *Oxford Handbook of Culture and Psychology* [M]. Oxford: Oxford U-
niversity Press, 2012: 3 – 24.

[88] von Faber M, Bootsma – van der Wiel A, van Exel E, Gussekloo J, Lagaay A
M, van Donger E, et al. Successful aging in theoldest old: Who can be char-
acterized as successful aged? [J]. *Archive of Internal Medicine*, 2001, 161
(22):2694 – 2700.

[89] Vygotsky L. *Thought and Language* [M]. 2nd ed. Cambridge, Ma. : M. I. T.
Press, 1986.

[90] Walker S. *Young @ Heart* (中文译名:摇滚吧! 爷奶) [Z]. Produced by
George S. Written by King C. United Kingdom: Fox Searchlight Pictures, 2008.

[91] Whitbourne S K. Physical Changes. In Cavanaugh J C, Whitbourne S K
(Eds), *Gerontology: An Interdishiplinary Perspective* [M]. New York: Oxford
University Press, 1999: 91 – 122.

[92] Witherell C, Noddings N. *Stories Lives Tell: Narrative and Dialogue in Educa-
tion* [M]. New York: Teachers College, Columbia University, 1991.

[93] World Health Organization. *Active Aging: a Policy Framwork*. Ageing and Life

Course Program, Second United Nations World Assembly on Ageing[R]. Madrid, Spain, April 2002.

[94] Wortham S. *Narrative in Action*：*A Strategy for Research and Analysis*[M]. New York：Teachers College, 2001.

[95] Yalom I D. *Existenial Psychotherapy*[M]. New York：Basic Books, 1980.

附　　录

附录一　2010 年至 2012 年平面媒体报道高龄者生活整理

表1　2010 年平面媒体报道高龄者生活整理

年纪	高龄者生活	备注
72	考取 20 张证照	
83	参加厨艺比赛	
72	举办文画展	34 位
74	担任义工	
71	担任义工	
78	担任导护	
94	担任义工	
93	参加戏剧比赛	
99	参加书法比赛还取得硕士学位	
79	启聪学校退休后以手语助人	
72	诗人游唱并协助渔村转型	
70	担任媒人	
80	进入大学就读	

表2　2011年平面媒体报道高龄者生活整理

年纪	高龄者生活	备注
99	担任喜婆	
83	担任义工	
82	自学英语	
87	以跳舞当复健	
66	考大学	
96	学习计算机出版回忆录	
75	不老骑士2	29位
76	继续爬山路做生意	
72	探亲谱出黄昏恋	
70	果园为志业非事业	夫妻二人
	舞出生命的热情	林边乡仁和村的一群老人

表3　2012年平面媒体报道高龄者生活整理

年纪	高龄者生活	备注
90	不老的好奇宝宝	
70	生产幸福鸡蛋	
83	举办画展	
91	考取微软证照	
92	首开风气,转栽种农作物	
96	担任乩童71年,为民服务	
76	捐款兴建老人照顾中心	
68	自创口白唱歌	
85	获选杰出义工	
73	跑山区接送病患	
83	担任义工	
90	学习识字	
82	成为街头艺人	

年纪	高龄者生活	备注
71	客语教学	
104	学习手语	
80	经营二手书局	
70 几	担任义工，维护美化小区	30 多位夫妻
70 几	担任义工	
83	传统技艺，制作土砻	
78	担任义工，老人看护	美国籍修女 4 位
65	拍摄"金竹里话纪录片"	
70	以制作醋，成就事业	
70	菜瓜布创作	
88	制作乐器	
72	种稻，兴建家乡图书馆	
79	南管传承	
79	做粿义卖，筹建少年家园	资深义工
78	提供门前停车，希望改善社会风气	
76	感谢上天让她还活着，担任义工	
86	捐购救护车	
92	担任义工	
92	不老棒球队	
81	传统棉被制作，技艺传承	
78	见证红茶兴衰，珍惜现有成果	
75	举办画展	
82	获选模范劳工	
92	学习计算机	
75	演戏	
70	习画	
90	小区美化	
73	考取街头艺人证、义工、环岛	
93	最年长女童军	

年纪	高龄者生活	备注
93	习画	
89	书法成果展	
83	利用发票创作	
68	发挥影响力,到处演讲	
90	发挥影响力,到处演讲	
68	追星	
87	每天练习蛙人操	
87	退休后,担任法律咨询	
81	靠记忆力出版三本民间文学集	
98	推广民谣念歌	

附录二　关于高龄者看待老年意义的访谈大纲

一、受访者基本数据

编　　号：

性　　别：

年　　龄：

教育程度：

家庭成员：

职　　业：

经济状况：

二、受访者访谈大纲

1. 请您谈谈现在的生活与您的生活经验。

2. 请问您觉得依您现在的状况，您觉得经济条件是否为（有意义的高龄）生活的必备条件？

3. 请问您是否有意识到自己老了？

4. 您觉得"老"是什么？您对老化抱持什么态度？

5. 请问您如何看待自己处在"老年"这个阶段？

6. 能否请您分享自己"变老"的感想？

7. 生理上的老化，是否会影响您对老年意义的影响？

8. 生命目标

（1）请问您觉得您的人生可以分成几个阶段？

（2）这几个阶段有没有什么代表性的事件？（像是以什么为目标？）

（3）这些事件对您生命的意义(或目标)有什么影响？

（4）有没有影响到您对高龄的观感或想法？

9. 请问您觉得您现在的高龄生活如何？是否觉得有意义(有兴致、有目标)？

10. 请问您对"老人""高龄者""长者"这些个词语的感受？

11. 我们的环境对社会老年人具有一定的印象,在您的经历中,有没有哪些是老人可以做和不可以做的？

12. 在步入外界所谓的高龄后,哪些事曾经是您想做却又被禁止做(因为各种理由阻止的)？

13. 请问您觉得媒体报道与社会氛围对您的高龄生活是否有影响？

14. 请问您是否会觉得社会对高龄者有太多规范？

15. 外在环境对高龄者的看法？请问有没有影响到您？

（1）若有,影响到什么？

（2）若无,有没有那些想法或行为想做却不敢做？

（3）哪些行为是您刻意符合社会所要求老人应有的样子？

16. 从高龄者的角度,请问您是否会觉得高龄者在这个社会有刻板印象或受到歧视？

17. 请您试着定义您的老年意义？

18. 您觉得您的高龄生涯如何？

19. 请问您觉得适切且可能的高龄生涯有哪些条件？

三、请问您有没有其他感想或建议要分享的,以增加或补充资料的完整。

附录三　男主角访谈逐字稿

受访者基本数据

性　　别:男

年　　龄:70 岁

教育程度:大学

家庭成员:妻子与二女一男

职　　业:教师

经济状况:自述过得去(小康)

访谈日期:2015 年 4 月 19 日

访谈地点:家中

研究者:自述研究背景与社会现象后,请男主角谈谈。

受访者:嗯……我还没有到达……到达(指需至赡养中心)那个地步啦,不过就是我们有看到或者是听到,但我们的生活周遭有看到或听到有一些,现在年轻人大家就职的情况呢……,也许真的没有办法说亲自去照顾,所以那些有些老人就是为子女着想他真的就是说,真的到后来他真的是心里面其实不是非常的乐意,可是为了子女,他还是说去住安……养……院,减少说让他的子女会觉得负担。不过,他们希望的也还是子女在假日,能够接他们回去大家团聚。我认为是这样的话,时间不要拖太久,可能还好。那真的我们现在也有孩子,我们也觉得说他们生活上他们必须上班,也真的也没有时间来照顾我们,我们现在目前的状况是说都还好,我们的体力上……各方面都还没有什么样的毛病的话,这样子是没有问题。可是真的如果有一天……行动不便了,那或者是身体情况更差了,需要有人照顾,那他们没有办法来,到时候可能也要考虑啦,是不是去那个地方(指的是赡养中心)。当然我也希望是说,也能够可以请个人来这里照顾我们的生活起居的话会好一点,可是如果是真的也不行的话,到后来可能也要去走入去养老院那个那个路啦。现在可能很多国家,像我们去日本有看到,老人家很老了,他……他们假日就是办这个活动就一起出来,有些就是推轮椅,为他们办户外的活动。一个人照顾一个人,不过看起来好像也还不错,那些老人家能够在一起聊天,身体上也还好,也没有什么插鼻胃管的这个情况。这样子其实也还不错啦,总比说孤孤单单……的还好,不过大半都不想去住养老院,除非不得已。我们有一个邻居啊!她转述给我听,我听了非常的难过,因为她可能兄弟……,她是嫁出去的,兄弟就是……兄弟就是平分嘛,所以哦……爸爸就,爸爸那个很好呢,我们童年的时候就觉得说那个爸爸个性很好。她说她有一次去的时候,她爸爸被绑着,绑着哦,就是两手跟两脚都被绑着,她看到爸爸这样子,当场痛哭。她很不能接受就是为什么爸爸要被绑在那里?她就去质询那个机构,他说:"你爸爸一天到晚要逃出去。"就是把他弄进来之后,他就想尽办法要逃跑,一直逃,不知道逃几次。所以他们没办法,逃跑回来就只好把他绑着。就在我们那个附近,我听得也是心里觉得说哪有这回事。这样,如果他女儿没有去,他就不知要被绑多久。对啊,他女儿也不能接受,可是因为也没有深入去了解,他到底为什么进去,只是听说过这样。他一定很不喜欢,他一直想回来,可能是老年人他想的就是住在自己家,可是他被……很不愿意之下,被送去那里,所以他就一直想回来。不过照我自己觉得,如果有一天生老病死是一定不能由自己的,就是说,老,你就接受他,那病的时候,没有人希望自己病,病得如果很严重的时候,我们也没有办法去怎么样,无可奈何。不过我们是希望说如果老的时候,能够尽量自己不要怎么样,或者是比较……好的那种赡养机构,有好朋友,又可以运动,可以下棋,可以唱歌也好,这样子可能比较好。

研究者:硕士研究时的赡养中心,老人没有生气,老人眼神是空洞的,那可能心理上,心理上要建设一个比较健康开朗的,(分享瑞典、荷兰的经验)而且朋友也很重要。

受访者:嘿呀,因为子女他们有他的不便嘛,他有工作或什么的,你要……叫一个来照顾你太浪费了。所以就可能就是说要在那样一个比较好的机构,然后他们定期来,不要太久,有聚会,这样就好了,比较好。但先决条件,还是身体照顾要好一点,其实住在那里面,身体情况还好的时候,这些都可以来,你要参与什么活动呀,学习呀,这样子会比较快乐。

研究者:像您的这些想法,在您的生活经验当中,从何时开始有这样的想法?是看到周遭的朋友吗?还是说自己觉得想要这样的生活。

受访者:听很多、看很多啦。我们从出去外国去看,或者是说从影片上,或者是公视上会报的这些老人的问题的,然后我们也看很多朋友,他的儿子跟他,或者是说老一辈的跟更老的那个这样子的关系,长久这样子观察下来,虽然自己也会慢慢感觉到说现在是没有问题,可是将来总是有一天,如果有一天,是自己行动不便的时候,身体状况比较虚弱的时候,可能也是要会碰到这样的问题啦!

研究者:会很担心吗?

受访者:嗯……担心倒还不会,现在目前还不会啦。我倒觉得一种也很理想的方式啦。我们天天,经常说从这里,这条路下去,经过桂林脚(地名,音译)要去斗六。然后我们经过桂林脚那个地方,有一户……住在路旁,传统式的建筑,有那个那个走廊、回廊。每次经过都看到很多老人家聚在那个地方聊天,那个地方也可以晒到太阳,也都看起来也都蛮老,八十几岁,七八十岁这样子。在那里也是聊天也是聊得很高兴,那大概时间到了,午餐时间到了,他们就回去吃饭,然后下午有空,当然睡个午觉,又出来聊天。我觉得这样在同一个部落里面,老人自动在那个地方聚会,这样子好像也是很好的一个方式、非常的好,都是熟人、邻居、朋友,有伴。那个也是身体有办法走到那边哦,我们看的都是走的,没有是说要去推轮椅的去的,还是要行动。有一天行动不便可能生活质量就会下降了,对……对……对……,一直想到是说,有一个非常,心理非常期待的就是说善终。善终就是说你将来有一天,你再不是说有特别、很久的病痛,就是说突然间就走了,没有特别的病痛去拖累你的子女,或本身没有长时间受病痛的折磨。喔,这样是最理想的。

研究者:老人当义工创造自己的价值,被需求感。

受访者:有一些我自己就觉得,有一次我自己的经验很震撼。因为我自己的,就是我爸爸,就是我有一个弟弟,他弟弟,兄弟好几个啦,这个弟弟现在故事是那个弟弟的。他娶了一个就是太太,这个太太……还好啦,很勤劳,但是,当初我不是很赞同。她很奇怪的概念,因为……那……那……这个爷爷都疼孙子嘛,我们那个那……那……我弟弟的孩子很会读书,很乖,然后爷爷很疼他。所以都跟爷爷睡,都跟爷爷睡,爷爷就会讲故事,所以他受到很多影响。我爸爸是那个书读得非常得多,以前也是曾经当老师,汉文拢就饱那种。我想说,我自己听到那个转述,我自己吓一跳。我想说能够跟爷爷住在一起,是何等的幸福!对不对?为什么有这个概念? 意思就是说因为他是老伙仔,她不让很小的时候跟老伙仔睡,意思是会给他吸去。奇怪呢,这个我就不能接受。后来那个也都受是爷爷影响,很会念书,后来一路都很会读书,也会影响他。可是你看,有那个妈妈就有这个概念,那是我们以前从来没有想过的,怎么会有说不跟爷爷睡的,很奇怪,有人会有那种不知哪来的这个概念。因为爷爷会讲故事,会写什么,叫我们,我爸爸在我们小时候会在

181

黑板上写那个人生的箴言。因为他读太多书,我们想说孙子和爷爷睡是有何等的机会,妈妈竟然说有点反对,特别好笑。

研究者:我刚听说你们在惠苏林场当义工?

受访者:是,去四个地方。在溪头、惠苏林场、鸟园……凤凰谷鸟园,还有集集特有生物保育中心,总共四个地方当义工。

研究者:四个地方会用掉很多时间吗?

受访者:嗯……还好,占用的时间可能会影响到这些农物啦!

研究者:一个星期大概会几天去做义工?

受访者:他是一年,一年大约都6天左右。现在溪头改变他的执行办法,可能要8天,其他都6天。

研究者:一年?

受访者:至少啦!如果少一个少一次就会被除名这样子。所以我之前你喜欢当义工,也就不考虑说什么几天,因为我们经常去,就不会有这个题。例如,鸟园我们几乎每个月都会去一天,溪头每个月也都会去一天,那惠苏林场他是排定的,是四个月排2天,那一年刚好6天就够了。那就是喜欢大自然,前提就是喜欢森林,再来就是强迫走路,因为那个解说都要带队的,还有就是说其实蛮喜欢这个就是说有一种我们这个喜欢大自然的心,希望影响这些游客,来爱我们这个大自然,不要破坏他,主要的观念是这样啦,因为退休了,至少做一些比较能够奉献的事情这样。那其实我们比较喜欢的就是说在带队当中,等于说那些游客,他们都会跟我们互动,他们的人生经历,现在我体会到一个解说一个很好的一件事情,就是说,你会受到游客感动,有时候就是尽量让游客讲。这次我去溪头带老年团,可能都有七八十岁,他们都不会走很远,我以前看到的他们都是沾酱油一样拍照,一下子就走了,觉得这样有什么意义呢?我们来这里就是要吸收空气,欣赏大自然的美,他们都没有。这一队他们就说啊走一段,那个导游也是说要走一段就好,结果就到大学池,我们就带他们到大学池。结果短短半个钟头距离当中,哦,他们很好耶,我觉得整个翻转我对大陆游客的印象。然后每一个都会跟我们觉得说他很感动,他们有看到这么多的树,然后他们又看到金鸡纳那树,我就跟他说这是金鸡纳树,以前就是 Malaria 疟疾那个,他是提炼那个治疗的,就是治疗疟疾的,然后他就说:"啊,对,打摆子"。就一直照相,一直照相,然后说这个树以前这些书都有这些东西,然后他就说啊我现在,以前他有吃过打摆子那个金鸡纳树。他就现在会把这个相片拿回去,给他家人说啊!我这个就可以给他说我看过这个树,这个就是平面金鸡纳种子树。我们也会说故事给他们听,你在跟他们在这互动当中,可以知道说他们很感动,而且很开心,他觉得说来这里好好,好好这样子。这个也就是我们去解说一种比较蛮感动的,有时候我们是被游客感动,而且很多经验可以教我们,有时候好像他也在教我们这样子,呵呵,很不错啊,一种跟人那个激荡很不错。

研究者:那我刚刚听您跟校长在介绍庭园的时候,我发现你们对植物啊,对鸟类知识很丰富。

受访者:很喜欢。

研究者:后来有去读书吗?

受访者:我以前是我没有读书,就是没有特别去记什么地方,但是我们以前是交友鸟会是很久,云林县交友鸟会,都会一起去赏鸟,就是老鸟带菜鸟,所以这样子慢慢地了解。不过也是因为基于喜欢,很喜欢。但也还是要有书啦,譬如赏鸟要买野鸟图鉴,买一些有关赏鸟的书,你对植物有兴趣,我们也是买一些植物的书,我们服务的那些机构,他们也会发一些有关植物的、动物的、昆虫的都会有。所以你去当义工,你本身都还要去进修才有办法去解说,看书、跟我们的义工朋友请教,有些很厉害,还有研习。像鸟人每个月都会办研习,那个是最好的,鸟人会的义工其实影响我们很深。他很会带,很会带我们的心。其实我们以前在华山,我们也是推生态,就是说我们自己喜欢嘛。因为曾经在华山当校长,这个地方生态这么好,就是要推展,所以我们都带小朋友小区活动课程我们都带小朋友去走步道。那我就会带着他一直解说,然后小朋友就是接受熏陶,后来小朋友就是带着解说。

研究者:我觉得校长你们的观念很新,因为那么早就会去推生态的东西。

受访者:那就是因为喜欢,然后那个地方生态真的不错。其实像这个地方,他都是一些比如说阔叶的东西,那我们进入溪头,全部针叶林很多,针叶林对我们来讲就是陌生的,陌生的,陌生的东西,我们就要从头去学要去认识他,就要看书啊、买书啊,有时候是和义工那个伙伴互相交流也是。我们一共六个义工,他们在奥万大每个月都会办读书会。固定买书,然后就大家一起研读。就是说有一次,我们一起去溪头看一本书,我就跟他拿来看,他们都有划重点。我就跟他借来看,这个书对我来说,也是我是觉得很好,因为我不懂得里面很多,所以我都会做笔记就这样子。我是习惯性读什么书就会做笔记,然后其实很早很早以前我就开始,然后我书是乱看啦,就是对老病死的书,就一直在读,就觉得,因为觉得要预备嘛,像那个在银闪闪的地方,等你简桢,我就吓一跳,想说简桢以前的文笔好像不是这样,写得真是文字的也看了。

研究者:我觉得虽然我们接触很短的时间,可是我听您跟校长,我觉得你们有个很大的特点,你们有个很开放的心胸,可以接触很多很多东西,这个是个很重要的地方。像你们现在这样的生活、你们是早期生活对你们有影响吗?

受访者:就是你说现在这样的生活是基于早期的影响吗? 可能是。

研究者:还是因为喜好大自然这样子?

受访者:对,因为喜好大自然。

研究者:那就可能你们才会去规划那个生态园区,然后也正好你们有伴志同道合。

受访者:因为我以前也是在大自然中成长的,我是庄脚团仔。我们家很多种有水田、旱田、也有山,也是要做,也是要下田去做,我觉得退休就豁然开朗。以前都被工作绑住,基本上像他或是我工作都很认真,感觉好像所有一分一秒都是给学校的,没有自己的时间。

研究者:因为我觉得今天跟你们接触,至少到目前为止给我一个很重要的地方,就是你们的心胸很开放,跟一般的不大一样。这个就像你们讲解的时候会需要去看书之类的,就像我刚讲的,我那个一元大哥。他那时六十几岁去硕士班,也让我觉得很佩服他。所以我觉得在有一些具有生命力的长者身上,其实看到的是一个不同的点,我觉得也可以过得很快乐。对啊,所以像刚刚听你们讲的,我觉得给我在做老人研究来讲的话,是一个很新的观念。我可不可再请问一下,就是其实我们都是从年轻走到现在嘛,那你们觉得你们人生。有没有几个大事情会影响你们现在的看法的? 比如果您很喜欢大自然会去做义工,或是说有没有哪几个比如说结婚可能是一个阶段,或是说有小孩是一个阶段,或者是说校长您说您考上主任是一个转折点,您可能比较有行政影响力,可以去做一些生态方面之类给学生,会不会有一个可以分成几个阶段告诉我这样子。

受访者:当然是我们人生的工作上来讲啦。你当老师当主任当校长,所做的工作跟所面临要面对的对象不怎么一样。你当主任,你要面对的就是有同事啊、长官啊,你当校长要面对的是家长、有上层的长官等。所以当然会有不一样,当然观点也会不一样。有的人说你换个工作就换个脑袋,其实也不完全是说是说就是你很现实换个工作就换个脑袋,比如说你高升了以前讲的就都不算了,有时候不是这样。你没有达到那个地方,你不晓得说你该面对的哪些话你该讲还是不能。以前譬如说你当最下层的时候,什么话都可以讲也没有关系,因为没有说你讲话要去负什么责任,等到你有一天在那个位置的时候,你话就又不能乱讲了。所以会不一样啦,譬如说当老师的时候,你就很认真地把学生教好,教学生也是有乐趣啊,比如说直接带学生,譬如说到现在,他们有的时候会找我去开同学会,他们都毕业了几十年了,三十几年了,像前几天,四十年,他们也四十年了,也蛮感动的,他们叫我去,然后那个后来虽然只来十个,可是就是那种气氛很好,大家都很熟的,虽然几十年不见面,可是都很亲的感觉,很温馨。那个有一个学生,他在美浓那边开了一家安亲班,还有就是,他本身去要教棉纸贴画,他带作品去给我们看看,真的好漂亮,他的作品真的好漂亮,然后就是会互相发信息来互相问候什么的。这个就是说让我觉得印象特别惊喜的就是说有一个学生,名字叫刘玲如,他发信息给我的时候一开始写了两句话,他说:"玲珑八面人人好,如诗如画过一生。"我觉得吧!你还会作诗喔,后来再看下去说,这是老师在我的毕业纪念册写的所提的两句话。就用他的名字一个玲一个如,这样子说我觉得说老师很厉害,好像还能够还会算命。后来我想想,因为他现在在教画,作画,好像真的跟画一生都会跟画有关这样子,所以如诗如画。好多都会请他去同学会,主要都是他都是教五六年级,一般来讲像我像华山很久嘛、我在华山二十一年半,那我以前在华山就是老师跟主任嘛,那他都是一、二年级没人教,我们就要去一、二年级。那我也会觉得说我也不想都绑在一、二年级,但是叫他换……换,结果换到四年级的时候,又被拉下来没有人去教一、二年级。

研究者:一、二年级真的是最难教了。

受访者:因为他是打底的工作,所以就是很遗憾,很难去教五、六年级,去镇南(小学)是一到五,可是五年级的时候就是开始去主任受训,因为没有教到五六年级,哈哈,特别好笑。

研究者:我觉得教书过程,就是很多年后有学生回来找您,那是最大的回馈。

受访者:对,其实教书很好。其实他是一个园圃,你就像一个园丁,那就可以经营,这样子跟学生很棒。所以我其实很喜欢教书,主任都要去行政工作这样子,不喜欢。不过主任其实考上主任之后,觉得好像脱壳,脱壳就好像脱胎换骨。我们都静静的,都想把自己关在就好像蜗牛想把自己缩在壳里面,现在好像你必须要面对很大的群,就是家长啊或什么,或者是像主任班那种训练就是有点像魔鬼训练,你要真的站起来讲话什么什么,那演讲就是抽题,抽题之后你几分钟之后就要上台,抽到题目对大家演讲这样子。就是要常常有那个讲话的机会,像我们每个人都要轮流去播音,每个早上大约七点就要播音,你就要设计你的播音内容,那个也不错,呵呵呵。经过主任这样子训练,他以前很内向很走不出来,可是经过主任训练班,他还因为文凭很好,在那边特别受到肯定,结果自己就是训练之后,就是对自己有自信,比较敢面对群众大众,这个讲话就是最大关系。后来就是常常面对都敢,主要是这一个阶段。然后后来是考校长之后,我觉得是说当校长跟当主任或老师特别不一样的就是说,你当一个主管,一个学校的主管,你就是要带领着学校,带领着大家往哪个方向走,有什么样的校长,就会有什么样的学校,这个确实是真的。因为你在学校待几年之后,你会看到什么地方应该要改革的,这个地方的硬件建设环境啊!怎么样去来美化跟改造它。所以我在学校,譬如我在华山小学我待了八年,八年之后真的整个学校真的是脱胎换骨了,全部都改了。当然中间也经过地震、之后再重建、然后就把整个的校园,包括操场,包括围墙,包括所有的教室设备,全部焕然一新了。当校长可以这样,我看到什么地方我想说要改变一下,然后去走动看有没有死角,然后就争取经费我会完成他。一步一步地把学校把他变成我们想要的那个学校。学生的心当然也很重要啦,就是说老师怎么样带他们,怎么样共同来努力来教好我们学生,我们的方向是什么样让他们知道,这个是当主管所特别不一样的地方,当然影响也会比较大。你当老师你就是管好自己的一班,你当校长,你就要照顾到整个学校,跟上整个学校的气氛、整个学校走的方向、整个学校的环境,还有再跟家长的关系,这些都是当校长你可以做的。包括一个小区,因为碰到地震嘛,所以那个跟小区紧密结合,其实那个后面的后盾就是学校。学校提供一些计算机人才、设备,然后所有的有关生态的一些研习,都在我们学校。那几乎后来接续他的另外一个校长,他就开始所有的研习培训、当地的解说什么都是学校,都是在学校。我们那个时候刚好是教导主任嘛,所以都必须要面对这一大串的东西,就是这样子。所以后来这里很好,那个时候是因为碰到危机,就转机就变成一个契机,然后就变成整个都改变了,小区也改变了。

研究者:这整个从路口一进来,您会觉得这边好干净喔。会觉得好像就是走到另外一个世外桃源的感觉,因为整个环境很清幽,然后整个气氛感觉不一样,就觉得好像有一个无形地把嘈杂东西隔绝在外面的感觉。所以校长您那时候在那边花了非常多的心思,在学校是一开始就打算规划成这样子?

受访者:有八年。那是逐步规划的啦。譬如说一下子也没有办法说有那么多经费,那是说看到说哦,这个地方看起来好像不整齐、不舒服、不漂亮,那我们就慢慢地争取经费,就把这个部分把他改善好。像我们学校后面有个小溪嘛,那里生态也蛮好的,那个有私人用地,然后有一半是学校的,他就想办法去把他买下来,后来要规划成生态园。生态园因为他八年,所以买地下来的时候没有办法去完成他,所以接下来的校长也很有这个理念就把他完成了。现在有生态园了。

研究者:校长,像您八年卸任之后,再看到八年来付出的心血,自己觉得如何?

受访者:觉得也很安慰。因为接续的校长也能够继续我们之前的那个想法,就是说让生态很丰富。有些校长好像不一样,去到那个学校会砍树,就反而觉得哦,这个树太高了哦,会遮到什么,只能砍掉,锯掉从中间锯掉,如果是这样的话看起来会比较不舍啦。还好接待我的那个校长都还不错,他走了之后因为我们都还在,那后面那个校长他两个人类似就是都很勤劳,不会坐在校长室看报纸,会到处走,看到那个地方不好就改。后来那个校长也是,后来那个校长更年轻,他比我年轻,大概比我年轻十岁,很早就当学校领导了,非常勤劳,不怕流汗。他就是,因为他买了地,他就是也要从头种什么树、怎么规划,都要从头去,也都会去巡,一早就去流汗,开始申请经费。

研究者:那你们现在还会回去华山小学走一走吗?

受访者:会的。我们前几天才回去,我们有时间都会回去看一看。就是那些同事,有的同事都还很熟啊、同事也都很高兴。同事也都还在那里都很开心,办活动也都会邀请我们去。像刚才提到的那个小溪,小溪旁边本来就是有一个堆置垃圾,就是堆垃圾的地方,之后我们就是改建教室,那个地方就变得很漂亮,就是有图书馆、计算机教室等,现在都盖得很漂亮。另外就是说在那边就是有条溪,有一个拱桥,拱桥年久失修,就好像都比较荒废、剥落,我们再重建,让那个拱桥的美呈现出来,然后旁边就是在大佳冬树下,本来那个建商好像预备是要把那边堆平平的这样子,要好像要做什么美化,后来我想一想说,我们如果可以的话就把它做成室外的一个表演台,阶梯式的,半圆形的表演台,让小朋友要表演的时候带去那里表演。后来变成一个很好的表演场地,现在就常常在办活动,类似母亲节之类的活动。

研究者:我觉得那个地方,好像变成校长您另外一个小孩的感觉,就感觉你们就是很用心,很认真在规划那个地方,不晓得这个是因为跟你们喜欢生态有关,会不会影响到你们现在的生活?

受访者:也会。以前就喜欢生态,所以在学校的时候,就尽量的能够让学校生态更丰富一点,然后指导小朋友生态步道,然后有时候都会带他们走,走到那个步道。华山有好几条步道,走上去,然后没事走不同的路,然后一面走就一面讲解,告诉他们这是什么植物,这里有什么样以前的古迹呀，以前的故事历史的故事那些故事。比如说人文的、生态的也都有，后来这个小区开始营造的时候，我初期就是有一些课程去培训导览员，我都带老年团，就是年龄层老中青都有，带老人走步道，那有很多蛮有名的步道，那个当地老人都从来没有走过，在那里生活那么久，当地老人都没有走过这里，所以这就变成是我们是第一次带她走她的乡、她的土，认识她的乡土。他们就蛮感动的，而且那个老人也蛮有智慧的，就是说那都要经过一个小凉亭平台，他们就坐下来，然后就坐下来，他们就提供他们的秘方，比如说吃什么是治什么，然后什么是可以怎么，我们还把他录成一个小册子，就是这些他们提供出来的。

研究者：那很珍贵。

受访者：就有这个，我都会把他们写下来，就整个那样的一个调研，就是寻找他们的根。那些老人都那么大年纪了，有的六十多快七十了都还没去过，也不知道那个叫水头目（树名），什么都不知道，对。

研究者：我觉得这个就是一个很值得，像刚才你们介绍的很多我在书上看过没有实际看过，像我那时候就不知道南方的农作是一年两获还是三获，后来去教书，学生写作文，改一改发现一个这样子写，两个这样子写，才发现是不是应该是我错了，就赶快去找人请教，赶快去找书，才发现果然真的是我错了。因为我住在北方，真的没有看过那些，然后我觉得真的换一个环境真的不同，就觉得来乡下还是很有趣的，我的学生现在也都还有跟我联络，已经二十九年了。

受访者：那不错。

研究者：上次也是同学会也有找我去。所以其实我对这个地方，有个很特别的感情。

受访者：嗯！对。像我们像是上次去那种带队那种，然后我们就叫小朋友讲，其实小朋友讲有时候会教我们。因为小朋友比如说他家是槟榔的，他爸爸是在割槟榔的，他槟榔就讲得比我们更好，他家或是他家是种咖啡或做咖啡馆的,他咖啡也会讲得更好,训练小小解说员。其实那些小朋友心里很纯,你给他东西他就很认真,他会去那个时候就可以查网络,都比我们还厉害,他要解说的时候他要这个录音,他就去找找,然后就会突然会讲,讲得好好,也有好老师啦,教他们计算机的,那些六年级的都比我厉害。

研究者:那我会觉得现在你们的生活感觉上是延续华山小学那时候。

受访者:我们就是把我们住的地方生态就尽量让他丰富一点。譬如我们都不喷农药,所以会有萤火虫。我们这里萤火虫非常多,昨天晚上还有好多,你要不要看一下。对,好多,非常多,已经非常多了,我都开始通知我的那些朋友,就是一起参加陶笛班的那些朋友,大家可以来看萤火虫。

研究者:真的啊!

受访者:每年他们都会来看。其实会这样子,我是我自己啦!我不知道他怎么样,我是自己觉得说,我是小时候就有那种爱看文学作品,所以那个很早就有很特别喜欢陶渊明。他刚好是隐居三年嘛,我就一直有那种感觉,我以后要隐居三年那个感觉。所以说,所以我高中要毕业,我跟我爸爸说我不再读书了,我就要去隐居,我爸爸很生气说,你如果要这样的话,你就不用念那么多书了。确实很有趣,筑梦踏实。

研究者:我觉得你们现在的高龄生活真的过得很有意义。

受访者:嗯……嗯……到现在为止啦!

研究者:像我觉得二位过得非常自在,过着自己想要的生活。你们会不会觉得有时候看到媒体上的新闻,一些对老年人不公平的报道,会觉得其实老年人不是他们讲的那个样子。

受访者:像我就很不喜欢看到他们讲说老年人是负担,我觉得负担是从年轻人的观点去看的。

研究者:你们会不会觉得,就是说这样的报道跟社会就是让你们……

受访者:其实像我们这样子,就不会是年轻人的负担。但是有朝一日,如果自己不能动了或怎样,可能就会变成负担。我的想法是我们还有退休金,有退休金就不会让子女加重负担。假如说你一些如果没有退休金的,可能就会面临着生活上就会影响。因为如果子女他们自顾不暇,又要来照顾你,生活就会受影响,所以我们都很感恩的,幸好有退休金,可是很怕一直被砍。

研究者:可是像社会一直这样的话题,会不会对你们造成影响?就像您刚讲的退休金的话题,就是你们以前付出那么多年,本来你们就应该得的,大家都在说像老师什么都有寒暑假,可是他们忘记老师七六点就要上班了,类似这样的问题,他们没有看到别人前面的付出只看到现在。我觉得这是很不公平的。您会不会觉得对您的生活产生影响?您有什么感觉?

受访者:我们是觉得还好,因为我们有退休金。在我们活着的一天,我们就是说不用让子女他们增加负担。可是我觉得这些老人可以的话,就是要储备一些,能够有退休金的话当然最好啦!不然就是要储备一些养老金,将来如果说有一天你就不能,必须要仰赖人家来照顾你的时候,你还有一些钱在身边的话,这样子才有办法说有人来照顾你。其实是有影响的,我觉得那些报道是有影响的。其实我们觉得以社会各个观点,那社会现在变成 M 型,富的很富、穷的很穷。我们也能接受说,我们可以合理范围内你少一点我们都没关系。报道要公正,你有坏的那你也要表现一些好的,让人民能够可以感应到,应该大家是要像这样,你要有平衡报道,你不能哗众取宠。什么样的观众爱看你就一直报一直报,一直乱挖乱挖,那会给社会带来不良影响,会产生撕裂。你一天到晚说你工作量那么大工作哪有不辛苦的,以前是付出的,而且以前的老师是非常辛苦的,那以前是你们都是比我们好的都没有再讲,你只是报道说现在怎么样,我觉得这种很不好,我觉得这种很不好。但是我们的媒体好像不行,我觉得太偏颇了,太偏颇了,应该是好的尽量报多一点,那个不好的适可而止,不要那么多的。另外一个角度就是说,其实老人老人不是说都变成是社会的、子女的负担,也有一些老人家,身体状况还好的时候,他对社会,对子女都很有贡献。譬如说还帮忙带孙,比如说带孙当然是最好的呢,当然他就是有那种天伦之乐,对孩子、对老人家、对第二代的子女也都是最好的,那个是那是老人家的贡献。另外就是说老,其实老人还有一些老人身体状况都还不错的,他也都还可以对社会做出一些有贡献的。他可以说做一些比如说当义工,当义工也是一条路啦,其实有的譬如说,有一些他身体状况还好的,他都还会去扫地做什么、就是照顾照顾一些孩子等。他其实老人家并不是说他都不能做什么事的,都没有贡献的。我是觉得好像是,现在的老人有的其实他越来越有智慧嘛,有些其实他很专业,有些是五十几岁就退休的,其实都可以走入很多地方去帮忙,他可以他那个发挥脑力,往好的方面去,去做更有意义的事情。所以你一味地去报道说老的就很不好,对媒体跟政府应该多多地让这些老人家他能够做什么,就尽量让他做,能够发挥他的贡献,然后就报道也尽量报道这个有关报道好的方面。你不要说眼睛就只有看到那些病老的,必须要人家照顾的那些。像我们刚好从那个,我们都有一些朋友都会一起,比如说一起去那里坐,那天刚好从泰安回来,在泰安他们就是一个行程,然后都会大家泡茶聊天嘛,他们就提出这个你说的这个老的问题,然后就有人起来说,都这样子说,一直想说,老是社会老化嘛,然后多少人要养多少人。既然都是负担嘛,他提出很劲爆的,就是这个问题了。你看,比方说这个感觉。

研究者:虽然这个问题不会在生活上造成影响,但我觉得会在心理造成影响应该蛮大的,我觉得难免都会有不公平。

受访者:就是报道太长了。有一个他就说他在哪里我都不太知道,他是义工,他七十几。他也是在那种可能他们小区啦,他说老学堂或什么,他就是去那里也是老人,可能分轻中重那个度,轻度中度重度,他们不同的那个……他知道那个政府怎么样补助什么什么的,当然也是负担啦。不过他们就有一个个案,她就说大多时候就是女儿在养爸爸啦,女儿还没有结婚,负担轻一些嘛,就养父亲。老父有一次是昏倒然后送院,送院后要急救,那个女儿质疑医生耶,质疑医生说:"为什么老了,已经这么痛苦,你们还一直要救他。"哈哈哈,所以这也变成是一个问题。他的女儿也有这个问题,老了、为什么病重、为什么还是要花那么多医疗资源一直救他,她就提出。他又碰到那个个案,提出这样的质疑。

研究者:因为大家一直灌输这个观念,所以这个其实都是一些很大的问题。所以其实为什么我会做这个,也是因为我看了太多媒体都是这个样子的。我觉得我观察这个社会,大家都变成都只看到人家眼前有的,没有看到人家之前付出什么,然后看到将来可能会变怎么样,您就可能觉得会是您的负担。我觉得这个是一个不太友好的报道。像其实很多人都会说,我不晓得你们的小孩会不会,假设您想去做什么事情,他会告诉您说为了健康也好不要做,他们会不会这样子? 会不会阻止您说"我是为了您好"? 比如说假设您现在要去坐云霄飞车,他说您的身体可能不适合之类。

受访者:也会啦。其实现在他们好意的就是譬如说她工作的,会不会太超过、太累,然后之后才来腰酸背痛,就会劝她说你不要做那么久,要休息,是会这样劝她。至于说阻止我们去做什么,倒比较不会。

研究者:那您会不会觉得说,像刚刚讲的那么多媒体报道,会不会觉得说叫你们不准去做什么东西给你们很多规范? 还是说你们过的,就是依照你们想要的生活这样子。

受访者:比较不会干预了。负面报道,我的感觉负面报道最大的原因是社会不公平。就是说低的太低、高的太高。就是说同样是一个月没有领不到一万块,要这么辛苦领不到二万块要这么辛苦。人家就那个样子,可能这个是最大的原因。

研究者:那您会不会觉得好像现在的社会,好像就是管这些长者管太多?

受访者:就是负面的报道比较多啦。你就应该要多鼓励、多赞美、多尊重、老年人,要人家尊重,多办一些活动让老人能够参与,能够让他们能够去贡献心力这样子。不要说一直去报道那些需要人家去照顾的老人,那个只是一部分啦,也不能说所有的老人家,通通是这样归类在那边养老院要人家照顾的。其实政府能够现在五十岁至七十岁还是很年轻,有的七十五岁也很年轻很有能力。他如果这个区块能够充分应用他所学、他什么来做他可以做的事情,未尝不是一个很大的力量,我觉得。

研究者:因为像现在国外在探讨以前六十五岁算是老年,然后现在他们在考虑延后退休年龄,其实在六十几岁这个阶段,医学进步很多其实很多人身体都很健康,他们可以做的事情跟智慧比年轻人更有,可以做的事情更多。像刚刚您举的例子,他自己的女儿都有这样子的看法,你们觉得不会影响到你们? 所以你们还是过自己很开心的生活这样子,会不会看到电视就想把它转走?

受访者:因为子女对我们态度还都不错啦! 我们之前才带孙子,大概带到三个星期前,我媳妇她才开始请育婴假,把小孩给他带。二岁就是二年一个月啦,总共带了二年一个月,24 小时的。就是很多活动都没有办法参加,一些以前的我们的团体,现在一说我们不用带孙子就一直约啊,所以都约到月底。

研究者:是哦,难怪那个小叶老师跟我说校长行程好满。

受访者:我是刚刚才卸下带孙子的这个担子。以前的那些朋友开始一直邀,其实这些都是同一个团体邀我们一起去啦。他们就是前半个月,其中有一个成员,他前半个月必须要去照顾他爸爸,轮到他,后半个他就比较有空。所以就迁就他,都排在后半个月。

研究者:就是有伴啊!

受访者:对,对,对。这个觉得快乐的一个非常重要的。譬如说就是跟老朋友在一起聊天、泡茶,大家一起说说笑笑的,一起走一走我觉得是最快乐的。不然就如果一天到晚两个人绑在这里,一直做这些工作,也会做到腰酸背痛,也不会是说特别快乐啦,还是要出去啦! 就会用船带着我们去钓鱼之类的,不是跟团的,像自由行那样比较随意的。

研究者:那像其实我看你们都很满意现在的生活。有没有哪些是你们还想要去做,可是不敢去做的? 例如,刚刚说的想去潜水,还是说因为人家说老年人不能去潜水怕身体不好?

受访者:我是很爱山的,但是一生没爬过玉山,可是我现在不敢了,她已经膝盖有点问题了,所以就不敢去爬玉山。其实对我们像这么爱山的人,就是遗憾,可是我就不敢去做。

研究者:玉山应该还好。

受访者:可是我不敢啊! 因为膝盖有点问题,下山膝盖都会用到。

研究者:那没有打算去处理吗?

受访者:还没,我都还没去看医生,看看能不能自己好啦! 反正就碰到再处理。

研究者:因为现在膝盖有一种不用换人工关节哦。因为我妈妈就是做这样的手术,因为我妈妈年纪有点大了,然后就是膝盖别人一直叫他换人工关节,可是换人工关节真的不好,后来人家给我们介绍了一个医生,还不错,因为他是间隙太小,会痛,后来就用抽的,把膝盖的膜抽掉。大概休息半年,让他慢慢长大后就会渐渐撑开了,就比较不会痛。我是不晓得您的问题是什么?

受访者:没有去检查。

研究者:因为要处理要趁年轻。像我妈妈七十几岁去复原就有点慢,因为走路怕痛,腰变成 S 形,然后那个大概三天就可以出院了。那个医生真的很不错,如果您需要我再把名字写给您,就是可以去让他看一下。像人家说的打那个玻尿酸是暂时的,但是那个医生是多人都用这个疗法换膝盖的,只是我不知道您是怎么样。

受访者：那个医生是什么名字？

研究者：吴某某。因为就是骨头和骨头之间不是有那个膜吗？磨到间隙变小
　　　　了，变成骨头磨骨头很痛，也是一个医生介绍我说可以去找另外一位医
　　　　生看看。他不会叫您一定要换人工关节，像现在做完之后他脚还是会
　　　　有点没力，因为毕竟年纪大了，可是复原效果比人工关节好很多，可是
　　　　我不知道您是不是这个方面的问题。

受访者：就是膝盖。

研究者：膝盖问题有很多种。

受访者：膝盖问题也要去检查出来。

研究者：我是觉得那个医生还不错，我妈妈现在都定期半年回去给他看一次。
　　　　骨科里面分很多，他是专门在做这种显微手术的。

受访者：骨科的？

研究者：对，他专门在做这个。因为我觉得老年人膝盖一个很大的问题。

受访者：有没有很难挂号？

研究者：应该还好。这个医生我觉得他对病患解释得很清楚，因为我自己之前
　　　　是在医院工作，就是边工作边念书。

受访者：这样进去可能会比较容易啦。有些要排队要排很久，排半年、排多久
　　　　这样。

研究者：那个医生还不错，真的还不错这样子。就是医生跟我介绍，因为我妈妈
　　　　就是不想换，但是腰变成S形了影响到整个走路了，不过她真的复原没
　　　　办法那么快。因为七八十岁了，所以说就没有办法这样子。您可以考
　　　　虑看看这样子，我没有说一定要去看，只是我觉得这个还不错，只是比
　　　　较远，没关系您上来我可以带你们去。

受访者：我老大住在泰山。

研究者：真的喔。这医生您可以去给他看看不一定要动，去听听看他的评估，这
　　　　个医生我觉得他可以讲得很清楚，我觉得还不错这样子。像如果真的

要处理的话,要是年轻人,恢复得会比较快,真的比不了,因为我妈妈也是一样很喜欢走、种菜那些。

受访者:你们家有菜园啊?

研究者:我们家没有,是别人的地分她种这样。其实我很反对我妈妈去这样子,因为每次看她回来那么累,然后后来有一次她就跟我讲,她说她在那边心情很平静,心情很好。

受访者:是有疗愈功能的。

研究者:好吧! 我并不反对。因为她已经辛苦一辈子了,其实那时候很反对她去,就是都会念她,觉得为你好这样,然后后来她跟我讲那个,我就不会阻止她了。我觉得有时候,身体上的劳累比不上心理的,所以我就觉得就让她去这样子,但我听到您说的膝盖的问题,我就觉得可以考虑一下的。

受访者:谢谢。

研究者:因为我觉得这个医生真的还不错。至少目前来看都还不错,只是因为那个治疗会很疼痛,做完的时候真的会很疼痛。她是可以很耐疼痛的人,都会疼痛到受不了,不过这个您要有心理准备,可是真的比换人工关节方便。

受访者:疼痛有多久?

研究者:大概三天。三天的骨科治疗就要求你下床了。他会要求你慢慢走,那个时候大概是让我妈住院五天左右就出院了。他说年轻人三天就要让她出院,骨科不会让你住太久、因为你不动骨头就会萎缩。所以一开始做完一定会痛,然后她那时候一直不敢下床,我们勉强让她下床都被她骂。她平常不骂我们的,很疼我们的。对啊,您可以去听听看她的说法啦!

受访者:你也很孝顺,这个不容易。当子女去孝顺父母也很不容易的。父母去对子女那真的是无条件的,所以说古时候流传下来一句谚语,"父母养儿不论饭,儿来养父要算顿。"儿养父母要算顿,然后他昨天他也有看到,我昨天看到报纸啦,也是让人家特别感慨的,其实这也是生物的本能之一的啊。你看看说所有的动物,照顾子女那真的是无微不至,譬如说鸟啊,或者是小狗啊,在育雏的时候它们的妈妈都特别保护他的子女,可是把他养大之后,那些都不会知道反哺啦。人是比较好一点可是也是天性,这样所付出的心也会完全不一样。有一句绕口令:"记得当初我养儿,我儿今又养孙儿,我儿饿我由他饿,莫叫孙儿饿我儿。"你看绕口令……

研究者:这么写还挺贴切的。

受访者:所以宁可自己饿着也不能让孩子饿着,老人还是疼小孩的,爸爸饿没关系啦,不要叫儿子饿啦。

研究者:其实真的很像我妈妈,我们现在年纪也算有了,因为我已经四十几岁了,然后回去她还是会问你说吃饭没,然后还是会问你。因为我妈妈属于那种容易操心的,她心理影响身体很严重,我不想让她这样,所以我每次都会故意跟她说:"您养我那么大了,我如果饿死那也是我活该的。"就是因为她会一直操心、一直操心,看她这样明明看她身体这么不好,又帮不上忙很讨厌这样子,所以就是会有这种感觉这样子。然后才发现其实怎么讲都没有用,自从她跟我讲那句话,所以我还是会劝她。

受访者:我们在照顾孙子的时候,大概我媳妇跟儿子星期五晚上就会回来,然后住星期六,星期天晚上吃饱饭再走,这个情况就会一直持续下去。有一天我去我朋友家,就是告诉他这个情况这样子,我儿子每个星期都会回来这样子,他就说,他是来看他儿子的。我就会说:"我也可以看到我儿子啊,要不是帮他养孩子,他不知道多久才会回来一次。"当父母的就是这样,所以说有些刚才提到的问题,有些父母甘愿去养老院,他是站在儿女的立场上。其实我们这些朋友,能够一起爬山,一起聊天的,这些我们的共同的感觉就是说,我尽量让我健康一点,不要造成儿女的负荷,是最大的心愿。

研究者:所以像你们都不会觉得自己老了嘛,觉得还非常年轻的,对不对?

受访者:对啊,还没有觉得很老。我觉得是老还是必须遵守,因为老是正常的。这个人生的末段、垂末,老病死你一定要面对,也不会去恐慌,也不用去做什么去接受他。

研究者:对啊,身体的老化没有办法,但心里的老化是可以控制的。

受访者:有的很怕,甚至自己的年龄都不敢讲出来。这些其实也是没必要的。

研究者:我可不可以请问,就是说大概什么时候自己觉得有老的感觉了?

受访者:我就是带孙子,就是都要背,就发现说我什么都没有办法顾到自己,就感觉说自己好像感觉老了、皱纹多了。

研究者:就体力上面的消耗?

受访者:对。之前觉得好像自己没有多少皱纹,两天之后发现,主要也没有时间保养的,就觉得说这里痛、那里痛。

研究者:就是生理上的感觉啦!所以其实我觉得,刚这样聊过来,在老年这个阶段你们比较意识到身体的病痛、其他好像根本就没有觉得自己老了嘛。

受访者:对。是这个机能没有以前年轻那么好。

研究者:所以我觉得身体其实每个人都一样。

受访者:你要怎么样其实很由不得自己,不过自己能够做的要自己尽量做啦。譬如说运动减重,然后就是要休息啦。生活就是要过得悠闲,不要那么操劳也都是。开同学会的时候我问我同学:"你现在在做什么?"他说:"我在替我儿子照顾他爸。"

研究者:就是照顾自己啊,哈哈,这个好幽默呀!

受访者:就照顾好,不要子女为我们健康在操烦。如果说我们生病了,变成子女在操劳负担。所以最重要还是健康,有一个病倒了,全家就乱了。

研究者:对啊!那想请问刚就是有一些社会的问题,比如说您听到"老人"这两个字,或"长者",跟听到"高龄者"这三个字语,会给你们什么感觉啊?

受访者:"老人"现在刻板印象就是老扣扣,要人照顾。我们的老人是这样子。可是我们觉得我们不是这样子。"长者"倒不会,"长者"会让人觉得有风范,他虽然老,但是精神好,让人敬重。老人好像会有点讨厌啦,负面啦。"高龄者"好像比较中性一点啦,不会让你觉得这个字特别的刺眼啦,不舒服。可是高龄者,也没有让人家觉得像长者这样子,好像值得尊敬的。

研究者:说得也是,对啊。在我的论文里面,我就避免用"老人"这个词。

受访者:已经被标签化。

研究者:对,就是标签化的东西。

受访者:老人就被人家认为是社会的负担、家里的负担、好像没有用这样子。

研究者:真的是这样子,其实像我们听到老人这个词啊,大家会觉得说,像你们刚讲的"标签化"。然后你们会不会觉得说,在你们的生活经验里面,就是从你们开始退休后的生活里面,有没有哪些经历,是人家说老人是可以做或不能做的,就是普遍来讲,我不是指二位的。就是在你们朋友里面,有没有人讲,哪些是觉得老人不可以做的,哪些是老人可以去做的,比如,老人只能去散散步,像有的老人去跑马拉松,大家就会觉得对他膝盖不好。

受访者:对,对,有时会这样子。好像跑马拉松就不是老人做的,如果说年龄多一点,会说不可以开车啊,可能是健康有一点问题了,才会这样子叫他的父母亲不要开车,云霄飞车老人也都是不能坐啊!

研究者:对啊!比较刺激性的东西比较不建议。

受访者:那个也不能一概而论啦!老人快百岁还可以跳伞的,所以健康情况好的话就不用太限制啦,怕的是说你心脏有问题。

研究者:像其实刚刚讲的交通那个有过统计,老年人开车比年轻人开车安全多了,这个是真的啊,可是大家不会去讲这个东西,就只会想说反正老年人开车危险,其实数据上面我有去看过,老年人真的比年轻人开车安全、发生意外的事故比较少。

受访者:当然自己要觉得,譬如说累了要休息,体力上会感觉不行了。

研究者:校长我再请问您一个问题,您会不会就是刚跟您谈了这么多啊,您可不可以告诉我,就是您觉得您的老年,您的定义是什么? 您觉得您的老年是什么?

受访者:老人如果单单是用年龄衡量,就是几岁到几岁算老年,那个是只是一个刻板的,可是我觉得最重要的是看身体状况、心理状况。有的虽然说年龄不小了,可是他健康很好,他也可以到处去玩,到处去爬山、去运动,心里也是很快乐、很年轻,这样子把他归为老人,当然年龄上来讲他是老人啦,可是他也不会造成社会的负担,那样子其实就不要去叫他老人啊!

研究者:对,对,对。

受访者:我听到那个我们小区现在走了啦,不过那一句诗,是每一次解说,我都会如果我看到植物,我就会跟大家讲这首,有点像俚语。所以说就是人老心不老,老人就是要这样子啊!

研究者:对啊! 我可以把这个当成您的那个吗?

受访者:可以。

研究者:就是您对您老年生活的写照吗?

受访者:可以。同样是心理啦,就是心理还是保持这……这个样子,我觉得这个很不错。我如果去解说,因为解说是生态嘛,我如果去那里我就会讲给他听,连小朋友都很爱听。那种比较大的就会说,你可不可以再说一次。

研究者:我真的觉得很有道理。

受访者:小孩子说不定还不知道"通草"是什么。

研究者:我觉得刚刚那个最后这个俚语啊,让我觉得很符合你们现在的感觉。

受访者:对啊,就里面还很健康。人虽然老了,但是心理要健康。

研究者:那校长您会觉得您的高龄生活过得还蛮成功、还不错?

受访者:对,对。

研究者:我听起来也是感觉跟我之前所了解的养老院的情况有所不同。

受访者:其实是说退休了,就不要只顾着自己的产业、工作,然后都不外出走走。我的最好的朋友,他管了一片山林,他都做不完,还有什么时间去当义工。我们想法跟他不太一样。就是说如果一直顾着在这里。头脑没有动、人际关系没有拓展,这样子会老得更快,只是劳动而已,还是要走出去接触人群。你为了要解说,你还要自己去进修、请教人家、上课,有时候参加他们的旅游……这样子才会生活多变化嘛。我觉得当然你的工作这些也要做,可是没有做完也没有关系啊,可是生活上就是要有穿插着这个啦。其实我每次也跟他一样,去要当义工的时候就坐车,就觉得很放松,然后走入义工的那片天地里,我们会发现说,其实进来是对的。因为在每一个义工的板录,上面我们认识的很多义工都是我们的模范,很多很多,那我们就钦佩,然后就向他学习这样子。有些对蝴蝶他非常的专业跟内行,他会教我们很多有关蝴蝶的知识,对有些鸟类他也是非常的内行,有的是对青蛙,就是对各个领域都有相关的人,都专门去研究,很内行,在一起的时候大家互相交流。像我们鸟园有一个老人现在可能88岁了,他还是在进修。我们一般80岁就不让去解说了,他就转入去写教案,他是70岁到我们鸟园来,那时候是拄拐杖,可是到鸟园之后,开始去解说,开始去亲近这些林木,后来把拐杖甩掉了。那他现在组织了一个读书会,就在他家,然后他家就有一些,我就都跟他说:“王校长我好羡慕的。”因为我很喜欢念书嘛,他们都会在一起,然后王校长就会准备一些茶啦,大家就比如规定要读什么书,或者是要做什么就是会进修。大家都分享,真的很好。

研究者:对啊,这样真的很好。

受访者:他都还会到校服务,就是到一些小学,然后带一群义工一起去,然后他就会有个主题,譬如有关鸟类的、树木的显微镜标本都种起来。然后他写的字很漂亮。

研究者:真的。

受访者:也是在可可馆当义工。他最内行的是显微镜,他现在都会做玻片,做那种一些植物的切片,然后去叫大家看。

研究者:八十几岁了?

受访者:88。

研究者:天啊!

受访者:鸟类的羽毛也是用显微镜放大,让大家看。

研究者:那这样真的很厉害,八十几岁眼力还这么好。

受访者:很多都是这样的人物,让我们觉得肃然起敬。

研究者:可是像这些新闻都没有报啊,而且我觉得,他们把义工跟老人画上一个很不平等的,就变成老人年纪大,好像只能做义工。真的,我觉得他们其实误会了义工的另外一层意义。

受访者:其实义工也是有很多种义工,印象中义工只是在医院为大家服务。不是这样的,有很多种义工。

研究者:对啊,真的是这样。谢谢校长,我今天真的收获很多。校长,我可不可以再请问您一些问题。请问您的年纪大概是多少?

受访者:70 岁。

研究者:70 岁喔! 看不出来,我以为您大概才六十五六岁而已。然后您是大学毕业吗?

受访者:大学毕业后去读的研究生。

研究者:所以算是大学?

受访者:对,学历上算是大学。

研究者:然后就是可以问一下大概,就是我会问一下家中成员,是因为有一些老人,他们其实他们的意义出在小孩身上。所以这个也可能是我会要探讨的一个问题,所以才想说大概问一下您家里成员,您两位子女之外大概就三位?

受访者:对,两女一男。男的结婚了,也生了个小孩。

研究者:那我就直接写"教师",那您觉得您现在的经济状况都还可以吗?

受访者:还过得去,因为有退休金呀!

研究者:因为就这个问题会问,主要就像刚刚提的,你们也觉得需要有一些经济上的支持,可是我们现在太关注在经济方面的支持,变得老年人一定要吃得多好、穿得多好、住得多好,其实他们有时候具有心理上的快乐就足够了。

受访者:因为我们经常看到报道。

研究者:对,对,对。

受访者:我们就不知道,我们可能要自己去储蓄。

研究者:因为我觉得经济上是需要的,不需要像媒体讲的那个样子。

受访者:吃的倒不会用很多啦,生活上的花费不会到很多,比较多的可能就是病痛上,还是必须有一些储蓄可以支撑这些,就是说不要造成子女负担,子女有时候也是很辛苦。

研究者:像您刚讲的,可是媒体不会报这些,他们不会告诉您说,储蓄是为了将来不要变成子女的负担,谢谢校长,耽误您这么久的时间。

附录四 女主角访谈逐字稿

受访者基本数据

性　　别:女

年　　龄:67 岁

教育程度:初中毕业

家庭成员:丈夫、子女二人

职　　业:商人

经济状况:可以

访谈日期:2015 年 4 月 29 日

访谈地点:老年大学

研究者:因为如此的因缘际会,然后就开始做老人这方面的研究。我比较关心老人这一领域,也可能因为我自己的爸爸妈妈年纪很大了。

受访者:没有,我们都会变老。

研究者:然后就觉得说,就觉得说,因为我觉得我们现在这个社会就是太多……太多负面的东西,可是我觉得老人他不一定是这种的情况。这个是我自己深刻体会到,所以我才会继续做这方面的研究。就像我自己,第一次做我硕士论文的时候。我去养老院,然后第一次接触到老人,然后真的是很震惊,因为那种情况的老人其实真的过得很辛苦。说真的,然后他们很多都不愿意去养老院,可是,是因为想减轻孩子们的负担,或是不想变成孩子们的拖累,他们就去了养老院,所以我才会继续做这个领域的研究。

受访者:没错,很多老人并不想去养老院。

研究者:对,然后而且也是因为这样的情况之下,我发现他们……就对他们其实基本需求非常低。真的,所以我觉得他们太过于替这个社会着想了。可是,从一些观点来看,阐述了老龄化社会的问题,等等。我觉得这个是有点不恰当的事情,因为他们忘记了他们年轻时也曾经付出这么多,所以我才会想说我的博士论文,才会跟我的老师讨论,我们是不是应该听听老人的声音。对,所以才会有这样的一个一个状况出来。

受访者:没错,没错。

研究者:所以我才会做这方面的研究。那一方面也是因为我看到自己的爸爸妈妈年纪大了,然后我不敢访问他们,是因为毕竟是亲人,会有一点,会有自己的一些自己的情绪,就无法做到那么准确,没有办法说明白。所以我和老师讨论的结果是请求或者是以外面的协助为主,所以这个大概是我的研究方法。对啊! 结束的时候,我们再合拍一张照片,阿姨,谢谢您。不好意思,因为素昧平生。

受访者:那我应该化妆化漂亮一点。没有关系,这个我理解。

研究者:对,不好意思,还是很感激您的帮忙。

受访者:不会,不会。

研究者:那就是说我可不可以请您谈一下说就是说,您觉得您自己现在的生活过得怎么样?

受访者:可以啦!

研究者:好的,就是您有看到的一些,现在的老人生活,还是说您的可以指的是说,每天就是这样平平顺顺地来这边上课,还是……?

受访者:相较于其他的老人,我是很可以的。不在于说经济方面。

研究者:是。

受访者:早期我们是自己做生意,或者怎么样。当然经济状况是好一点。

研究者:是。

受访者:那么退休以后,经济状况当然……当然不会……我先生有退休金,虽然没有很多,可是生活也够。有一天哪,我儿子打电话给我。他就问我说:"钱够用吗?"那我就跟他回,我真的不晓得要怎么跟他说。你要给我钱,就给我钱,你还要问我够不够用,对不对。

研究者:对。

受访者:我最不愿意说我钱不够用来跟儿女要钱。虽然说他们用掉我很多钱,给我钱也合理的,但是基本上我觉得假如我可以过,我尽量不要。那我就想一下我要怎么跟他说,我就跟他回了,说:"没有什么够不够用的问题啦,我是这个够不够用要怎么说呢? 降低欲望就可以了。"我就回他这样子。结果我儿子就他马上回了一个,他说:"喔! 这个意境太高了。"有一点……这样了解,就是说你要怎样,当然在刚开始的时候,会觉得有一点匮乏,怎么讲? 你要讲由俭入奢易,由奢入俭难。你平常过惯了比较宽裕的,就是比较随便可以支配金钱的日子,那你忽然间你会觉得说像退休了,然后有限的生活费。但是我是觉得吧,不要有太多的欲望,然后其实你需要的东西,我们还是可以消费,想要的东西就太多了,所以我就觉得说,我很多亲情我会想一下,想要的东西当然偶尔你要满足一下自己啊! 这个一定要的,必要的,要不然你觉得不快乐。基本上需要的东西是可以满足的。

研究者:因为我觉得刚刚,第一次看到您,而且常常笑口常开那种感觉,然后其实我会觉得说,请问您大概一个星期会花几天时间在这里?

受访者:最起码三天啦。因为我在这边的身份比较多重,比如说在这边我也算是义工啦! 我在这边做义工做了七年多。

研究者:那您还没有退休前就开始做了?

受访者:没有。退休后,我……我不是公务人员,我是做房屋销售的。我们做预售房的,你知道吗?

研究者:我知道。

受访者:就是那个预售房,到了五十几岁,我就觉得哎,哟有点累了我不想做了。因为那个压力也很大。

研究者:非常的大。

受访者:对,嘿!然后这个怎么说,就是说退休以后,因为我们原来是做业务的,每天几乎都在外面联系业务,尤其是房屋销售是没有什么假期的。那天天都是这样子啊,忽然间你会觉得不知道目标客户在哪里。你今天车子开了出去你不知道要开去哪里,你知道吗,以前我们会觉得去客户家,去那边坐坐,不然就是回接待中心,反正就是这样。那退休以后你又觉得,要怎么办?没地方去了。其实我觉得退休人员最为辛苦的就是这个部分。因为他从……等于说他人生就失去舞台,对吧!啊!你不能每天都去人家家里聊天嘛,所以刚开始我会觉得说……没有办法,也不是讲没有办法适应,但是会觉得说,我要这样子过日子吗?我这样子可以吗?有人叫我去医院当义工,可是我不能适应,因为我害怕医院的那种氛围啊!所以我跟他们说我不能去,虽然我很想去,但是我不能去那个场子,不适合我。因为我自己,就我自己,我不到万不得已,我不会去看医生的,和医生没有什么交集。

研究者:没有缘分这样,这样最好了。

受访者:对,害怕啦。然后,后来是我以前工作上认识的人,他在这边上课。刚好那时候我要想学计算机。对,那时候是应该是五十几岁的时候,五十六七岁吧!然后去要去上课,那他就介绍我来这边。来这边以后,后来我就来这边当义工。我觉得这里还可以。

研究者:进来感觉很舒服,今天也是我第一次来。

受访者:这里不会让你,不会让你觉得说,哇看到一堆老人很害怕。其实我以前是很害怕老人的。在我还没有变这么老的时候,我是有一点怕老人。我……我怕老人第一个,我怕把他们弄跌倒。呵呵,你知道我以前开车,我看到老人在骑摩托车我都很害怕,避得远远的。因为我怕要是不小心把他碰倒事情就大碍了。所以就来这边,来这边当然,刚开始也是学计算机、学外语、学习各种技能。后来就去当义工,当义工那我就有在这边就是教,当义工的时候,我就认为说我可以做什么,因为以前我是开手工艺店的,开了 15 年。那我就觉得说,我可以跟老人们在一起做一些手工的东西。

研究者:那您很多才华。

受访者:这个不叫才华,只是那个是我们的工作必……必备的技能,都会一点……不精。开手工艺店的人,你跟他看,十个有七八个,他每样东西都会,但是,不能讲专业,但是你跟着老人家一起做东西已经足够了。

研究者:我可以请问您一下,就是刚刚您提到的,就是刚从职场退下来的时候就是其实那段时间很难熬。因为我有观察到,就是研究很多这样子的东西,这段时间其实是最难调适的时候,您方便告诉我您怎么调适过来的吗?

受访者:刚开始,当然是你会觉得说,每天的日子就是这样,会有一种,你知道在那个阶段,我觉得我在五十多岁的时候,还没有退休之前,我跟你说没有觉得自己老。因为我们每天也是穿得很整齐去,去那个接待中心,坐在那跟真的一样你知道吗?那我们也没有觉得说自己变老,可是退休以后你就感觉,马上你就感觉那个面临,你就是一天比一天老,对吧?这年轻的人,他从来没有办法体会说,人会变老这一回事。虽然每个人都知道,都会变老,但是在你年轻的时候你绝对不会想到,你没有办法想象说,我就是看到那个老太太,我以后就是会变成那样,没有办法想象。退休以后我就开始就知道。我看到有一次,我看到那……那个路上有人这样推着回收车的一个老太太,推着像婴儿车那种,上面放很多回收的东西在推,我马上就那个那个心有戚戚焉。我就想说不会吧,我会不会这样啊? 我就开始烦恼起来,可是我有我有几个伙伴,算是比较好的啦,他们就说我肯定不会变这样。如果有一天你真的需要,我们会照顾你,可是人能够指望别人照顾吗? 虽然是很知己的朋友,他们这么多年也都是的,我有个什么,电话打了他们会很快来这样。可是人不能想着说依赖别人,那也会害怕,第一个害怕变老,我们以前是美少女啊,变老的时候,啊忽然间觉得说,没有化妆不能出门了。然后呢! 变老以后怕生病,我不是怕死,我觉得死就死了吧,对不对。你看很多人啊,皇帝也死了不是吗? 问题是,人生病真的是有点可怕。我看到长辈啊,生病的时候,开刀啊! 化疗啊! 最后还是死掉。

研究者:对啊!

受访者:唉……不是说你撑过去就好了,不一定每个人都会好。有的很辛苦地治疗之后还是死掉了,所以会害怕。那害怕以后,在那个那个时段里面,我觉得比较辛苦的就是说,你会自己一个人很忧郁哦,你会不知道说……我会不会。我常常会这样想,我现在好好在这里休养,搞不好明年我已经不在了。

研究者:很有可能,对。

受访者:会不会明年忽然间就……,因为很多人也是本来好好的,忽然间就生病了,生病了之后就不治了啊! 很烦恼,会不会明年我已经不在。然后想想,如果生病了怎么办? 我要比如说得了癌症、得了什么病,因为现在得癌症很多,那我要不要去开刀? 我要不要去化疗? 因为我看人家那样,说真的我会觉得活不下去。

研究者:真的会。

受访者:尤其呢! 尤其有一些开刀以后,那个治疗过程实在是不敢想象。

研究者:真的。

受访者:我会很烦恼,烦恼这个。那在家里当然想更多啦,因为如果在家,一个人的时候会想,会不会怎样、会不会怎样,后来我朋友就叫我来这边上课。来这边当义工以后,讲良心话,我投入很多时间。因为我觉得……我们以前,我是后来读那个商业职专,后来我又去补校读了一下,读那个商职,虽然没有混毕业,但是那个概念还是有一点的。我记得我们一个经济学老师,他讲劳动力不能储存,你听过这句话吗?

研究者:我没有。

受访者:学商业经济学的都知道这句话。什么叫劳动力不能储存?就是说如果你一天工作 8 小时,今天你没有工作,你明天就要做 16 小时是吗?你明天如果还是没有工作,那你到后天你能够做 24 小时吗?

研究者:不可能啊!

受访者:对,然后我常常会问学员,假如你什么事都不做,我请问你,你会不会变老?

研究者:会老得更快?

受访者:他们说:"会的。"我说:"所以你们要勤劳点,出来帮忙工作。"

研究者:我觉得听您这样子,他们应该受您很大的鼓励吧!

受访者:是可以这么说,因为我们会把我们自己的经验告诉他。当你有一个,我们叫他样板给他看,我说我以前也不是这样,我以前虽然我以前当业务,我们是会主动跟人家那个,但是平常我很少一直在那跟人家东拉西扯。然后学员也慢慢地,他们也会认同啊!

研究者:对啊!对啊!因为像我刚刚就是很好奇,就是一下子会意识到自己老,这个是自己吓自己,就是您突然觉得,怎么好像自己变老了,所以您那时候是因为自己想退休,所以就退休。然后并没有想到自己会意识到老这个问题。

受访者:对。在上班的时候比较不会,因为老上班到退休那是一个阶段,你知道吗?

研究者:对,而且变化很大。我相信您以前也是那种很拼命那型的对不对?感

212

觉得出来。对对对,然后一下子突然时间多那么多之后,所以您刚讲那
个,让我很好奇所以才问您那个问题。可是我觉得由您的经验,去跟其
他人分享更具说服力,因为您自己这样调适过来。

研究者:对。

研究者:真的,所以我才会很好奇这个问题,对啊!

受访者:常常会有长辈,因为来这边,我就会教他们做手工艺的东西,我最近这
一这一段时间,我是开美食课。

研究者:哦……真的。

受访者:所谓的美食,讲真的啦,我不是那种厨师那种美食啦,但是我会做比较
简单的、比较健康的。做起来不难吃。

研究者:家常菜那种吗?

受访者:我大概是做小点心吃。

研究者:哦……那也很厉害呢。

受访者:因为我们这边常常会有活动,什么庆生会、什么会、什么会、什么会、开
幕茶会、什么会,那任何的会,都一定要有点心。这样子才会增加幸
福感。

研究者:对,对。

受访者:会比较容易达到那种圆满,出席活动的态度也会比较踊跃。尤其是老
人家的活动,你如果什么都没有这样子,要叫他坐在那边听,没有诱因,
我们就说我们有准备茶点,会出席得比较踊跃。

研究者:那您真的很厉害的,您应该投入很多在这个地方。

受访者:对,一般一个星期会有三天啦!

研究者:三天是整天?

受访者:我有一天是整天,星期二是整天。因为星期二上午值班,我又排一个值
班时间。星期二下午就是有一个课程,要教他们做东西。其实我可能
星期一我就要来,就会有一些准备工作。不是说书拿起来就可以这

样子。

研究者:对,对,要有一些备课。

受访者:我们的备课跟大家的就又都不一样。你们的备课是要想说要讲些什么东西、重点啊什么先抓出来说。

研究者:对,对。

受访者:讲什么一个程序一个流程,我们也是有流程啊!而且我又带几个义工一起做,那当然有一批人不行呀,因为有些准备东西而且很多助手,然后还是要先跟他们讲说我们的整个流程。今天的比如说星期二的课程是什么,今天我们都会,有一些东西今天要准备他们会帮忙准备,那有一些东西,我们今天要先做一些成品起来,你没有看那个那个美食节目,现在教你怎么做然后要蒸15分钟送进去,他等一下就端一盘好的。

研究者:对啊!

受访者:那就是成品,就是这样,然后就请大家吃,有一些东西是没有办法现做现吃,所以我们都要准备啊!

研究者:那像三天之外您,会去找朋友聊天吗?是就忙家里的事情这样?

受访者:还有的就是说因为我们本身,因为我们现在这个老年大学的课程你知道吗?

研究者:我知道老年大学的课程,我有接触过。

受访者:稍微知道?

研究者:会到处去跑吗?

受访者:是到处去跑,而是说老年大学的课程……因为你知道的,我们是……上老年大学是这几年的事吗?

研究者:对。

受访者:那大家都在建立这个观念啦。

研究者:对。

受访者:有一些老年大学的师资,本身并不是原来科班的。

研究者:对。

受访者:因为如果你叫科班的老师来教这些……吃不饱,也……也。

研究者:而且也没你们说的那么精彩。

受访者:真的,坦白讲也不是那么适合。然后因为我们这个有时候不只是教学,
我们其实比较重要的好像是在活动。

研究者:交朋友啊!

受访者:让老人家觉得说,他来上这个课,能学到一点东西,又能够交到朋友,然
后是很快乐的,很幸福的。所以我们也是要不断的接受训练、受训。我
们上……上前几天才去过,就是很密集地训练这样子。因为我们本身
我们不是学这个的,虽然说你有一些基本的技巧,但是老人家的心理等
各方面其实还是要了解的。

研究者:要啊!

受访者:要不然你没有办法……怎么讲,教老人就跟教幼儿园一样啦! 幼儿园
也不是普通老师啊,幼儿园也是要幼教班啊。

研究者:对啊! 其实我觉得要带老人这些活动要更不容易,因为其实他的自尊
心比小孩子还强,而且您带活动又不能太难。

受访者:没错。你做手工,像我们之前做手工的东西,其实规划课程很难。

研究者:真的很难。

受访者:因为……一个班级二三十个人。那二三十个,有的人手很灵巧,很厉
害,有的人真的你教他很多遍还是不会,但是你也要耐着性子教他。那
你又要让他觉得有学这个东西,他有进展有进步又怎样。所以是你太
难的人家就觉得有挫折感,老人家也是很怕挫折感的。

研究者:对啊,对啊。

受访者:容易了,人家马上把你看破手脚……这老师教这什么,你不教我们也
会了。

研究者:没有挑战性,他也没有兴趣。

受访者:对。

研究者:太难的他又不敢去尝试。

受访者:没有,太简单的学会了就感觉好像今天没有学到什么似的。

研究者:对,所以这个也是我在带老人活动的时候。

受访者:你有深刻体会。

研究者:对,对,对。他们就是每个年纪就是都比我还要大,可是你又要鼓励他
们去,可是又不能太难,太难他们就不去做了,然后太简单他就真的觉
得没兴趣,所以这个设计我真的可以体会那种感觉,所以您真的很
厉害。

受访者:没有,就是要努力啦!因为真的讲老人家……我跟你讲老人家还不能
叫他……,以前我们都会他们去带老人活动都会叫爷爷奶奶,对不对?
我们现在都不会这样子叫,叫大哥、大姐。有时候他做不对,你说姐姐
这样子不行。

研究者:对啊,他们会很开心。

受访者:他们会觉得跟你年龄相近,你叫爷爷奶奶,我有比你老吗?

研究者:对啊,对啊,他们会这样想。可是他们有真的很可爱的一面。我觉得就
是……像我之前做硕士论文的时候,刚开始他们会对我有一点戒心,不
认识的人。然后后来就是多去几次之后,他们就问我说毕业了会不会
再去看他们?我说会啊,我有时间就会去看你们,后来接二连三大概去
看了半年之后,因为我自己实在没有那么多时间,我就跟他们讲说很抱
歉,我真的没有办法来,以后我会再抽空去。就是他们相信您之后我觉
得他们会,就是对您是那种掏心掏肺,所以我离开那边就是觉得……有
点不舍这样子。

受访者:会有感情。

研究者:对,会有感情。所以就……因为他们年纪也都大了,我那时候做的是养

老院的。

受访者:养老院的年龄层更高。

研究者:而且他们没有办法自己走,他们就只能坐轮椅。

受访者:更依赖。

研究者:对,所以他们就觉得……

受访者:不舍。

研究者:对啊,所以那时候做完硕士论文的时候,对老人的体验跟一般看到的都不一样。

受访者:其实养老院的老人……其实……更不容易,因为他们有的是行动上的不便。

研究者:对。

受访者:有的人精神上已经老化了。

研究者:对。

受访者:所以会比较……他会比较更不容易说那种很乐观地去面对很多事情。

研究者:对。

受访者:他也算是很无奈住在那里。

研究者:您会觉得像他们在看电视,是电视在看他们,还是他们在看电视。您完全……很难去体会那种感觉。所以我说那时候给我的影响蛮震惊的,到这边的时候我就决定说我要做一个健康老人,因为其实养老院的老人是一群,可是健康的老人也是一群。健康老人说……如果大家对老人的观念是正确的时候,可以对于比较行动不便的老人来讲就不会有那么多排斥、误会的现象,所以我才会做这个东西。所以像刚刚听您讲这么多,就觉得您真的好用心在帮这些老人家。

受访者:我们这边大部分都是健康老人,有一些就是动作比较慢一点而已,大部分都是属于健康老人啦。因为我们这边是可以讲真的啦,还是有点学习目标啦。

217

研究者:对啊,对啊。毕竟就是……其实像现在大家在讲说不是老年人退休就
　　　　只能在家带小孩,其实他的各方面成熟不输给年轻人,唯一可能动作可
　　　　能慢一点,对啊,这个是先天性的没有办法。可是他们像现在国外在研
　　　　拟就是老人可以……

受访者:二度就业。

研究者:不只是二度就业,就是他们有他们的经验可以传承的,我是觉得我们这
　　　　个社会……不晓得为什么这几年转变成这样子。对老年人很不公平。
　　　　就是说……就是说,他们没有想到其实他们可以再付出的。

受访者:再付出的,这个部分讲起来会有点沉重啦。因为能够运用,他明明是在
　　　　像六十五岁有一些人……他在向你讲的啊,工作经验等各方面正成熟
　　　　的时候啊!

研究者:对啊。

受访者:你就给他一个法定老人。

研究者:对啊。

受访者:那怎么办? 他也不能留在他的位置啊!

研究者:对啊,免得人家又开始……。

受访者:好,那他今天这个职场,像我讲的……没有舞台啦。然后他如果要叫他
　　　　再去找工作……不好意思,都是比较那一种,比较不是让他很能够发挥
　　　　他的能力的工作啊,毕竟没有那种工作等他啊!

研究者:对啊,对啊!

受访者:你看像很多的……很多的应该是中高龄的妇女,有时候经济上需要再
　　　　就业的话,他们都没有办法再找到什么好的工作啊,都是做什么洗碗
　　　　啊……还是帮忙……

研究者:就是忽略他们其实智力上可以付出,让他们做最基本的。

受访者:还有我觉得可能……可能我们的就业机会吧。就业机会……我在想
　　　　啊,对于这个问题,应该是再过个,可能再过个十年、十五年以后,这个

问题可能迎刃而解。因为到时候我们的劳动力减少了嘛,现在小孩少了嘛。

研究者:对,对。

受访者:那……到时候老人会变多,所以很有可能就是,当你的年轻人减少的时候,你社会劳动力不够的时候,就有可能推迟退休,推迟退休,可是那时候我们就已经太老了。

研究者:对,也是。

受访者:就再过十年,可能十几年以后,会不会运用到老人这一块。

研究者:有可能。因为现在就是在研究把退休延后,他们已经开始在讨论这个东西了,我觉得这个也不错……

受访者:一定要的,因为这个是一个国家的生产力嘛,你如果说现在每年毕业的有五万人,那五万人可能到社会上需要有五万个职缺嘛,也有可能只有三万人啊!工厂也是那么大间啊!

研究者:对啊,对啊,说不定我觉得这个都是将来有可能的。

受访者:不知道将来会演变成怎样,也许机器人产生啊!

研究者:对啊!

受访者:那可能还是会取代我们啊。

研究者:您会不会觉得说,现在因为就像我刚刚提的很多媒体新闻都一直在讲少子化啊、高龄化啊讲这样的东西,您觉得一直讲这个东西会不会影响到您? 会不会让您觉得不舒服?

受访者:对我来讲我不会觉得不舒服啊,因为这个是事实摆在眼前啊。每一个家庭的孩子变少啦,对不对……以前我记得我是六个兄弟姊妹啊,但我的孩子是两个啊!然后到下一代,我女儿结婚了,也不要生育啊!

研究者:真的呀!

受访者:那你怎么办呢? 对不对。所以我觉得,尤其是我们现在,我们常常去受训,我们都是跟老人课程有关的,老人的心理、老人的什么、什么老人的社会问题、老人的什么……什么……。这些是我们每一次去都会听到的话题啊。

研究者:您不会觉得不平衡吗?

受访者:还有,我个人是不会的,我个人是不会。我觉得事实就在那里啊! 你……你……你不平衡又怎样呢?

研究者:因为像我觉得,有时候他们会说老人是负担,可是我觉得不能用负担这种词来形容老人。我会觉得就像您说的,每个人都会变老,然后其实不管他们年轻时后付出的,我觉得用负担这个词有一点太功利了。这个是我自己在读文献的时候,在观察媒体的时候……

受访者:这个……可是这个话也要……要看从哪个层面去解释啦。你说不能讲老人是负担,但是坦白讲,十个家庭有八个家庭的老人是负担。

研究者:对。

受访者:一两个老人是有效益的。为什么呢? 他可以帮忙照顾家里、照顾小孩啊! 可是大部分的,尤其现在少子化,有的经过几年,他也不需要你照顾小孩了。

研究者:对啊。

受访者:你能说他……而且老人有病的时候,你能说不是负担吗? 只是我们是希望说当政者啦,就是有一些比较负面的词,不是说我们粉饰太平啦,但是……有一些东西,就好像我这样讲好不好,那你一直强调那些奢华的生活,对社会整个是负面的,对吧!

研究者:对。

受访者:我觉得我现在没有那么好的经济能力,我可以少花一点,我可以少买一些东西。

研究者:对啊!

受访者:可以啊。你会觉得说我现在是穿得很破烂怎样吗?

研究者:不会啊,就整齐。

受访者:对不对? 对啊! 我觉得你把你的价值观啦,那你说社会上他就一直在
强调,一个一个名牌包多少钱,大家都要买,每个人都要买,好像都要背
出来互相比。然后一双鞋子多少钱、一个什么多少钱、每一餐饭多少
钱,那可是这样子我觉得对社会的整个……整个状况是不好的。

研究者:对。

受访者:但是那个事实他是存在的。我觉得说就好像你讲老人嘛,那老人老人
问题是存在的,但是像你讲的,不要一直讲负面的事情出来。就是我们
知道他是那样的,我们当然要面对。可是在媒体上面不需要一直……
你不讲,提醒每个家庭也都知道,不需要你这样讲,我们才知道危机意
识。是你们当政者,你们需要知道这些问题所在。

研究者:对。

受访者:你们看看有没有什么办法。

研究者:对。

受访者:你们拿出办法来,不然不要做。

研究者:对啊,真的是这样,所以那这样子,像我觉得您活得很有自信,我觉得毕
竟从那一段时间走出来,我觉得对您整个高龄的生活有很大的影响跟
帮助。然后我会觉得像您会觉得这些对您都没有影响,有没有有些事
情是您想做可是不敢做的,就是怕人家好像用异样眼光看您? 不瞒您
说,我每次上课都举例子跟学生说,我说:"我自己上中学的时候,看到
一个六十几岁的老太太,因为那时候十几岁不懂事,但让我印象很深
刻,全身穿粉红色,我就觉得她很奇怪。可是当我现在这个年纪回去看
的时候,我发觉那时候很幼稚,就是我觉得老人可以做自己想做的,但
因为外在您可能觉得怕别人看您,然后您就不敢去做那些事情。可是
有些事情其实您很想做。"

受访者:我个人来讲我是不会……不会说很在意这种问题。有时候他们常常会
问我说,那个你敢穿吗? 我常常一句话讲"没有我不敢的"。我自己但

221

是我自己会先看看我这样穿好不好看。

研究者:对,对。

受访者:因为每一个人会有喜欢的类型。

研究者:对。

受访者:你会觉得说我的品位是怎样、我喜欢怎样的,属于属于我想要的那个我是什么样子。那如果穿那样子我觉得不好看,我不是在意别人的眼光啊,我觉得我不想要这样。首先你要过你自己这一关,不是吗?

研究者:对对对,所以那您也不会特别要去做一些,就是人家说老年人外在印象说老人不可以做的,您也不会特别去符合这些规范。比如说假设啦,人家找您去潜水,然后大家觉得说老年人潜水很危险,那您会不会就是说……当然危险是一定有啦,举例说比较刺激性的活动,这个是会觉得您不能做。

受访者:我没有觉得哪样东西是我不能做的,但是我会评估我的体力啦。比如说我会看到人家去登山,不是很高很高那种山登山,我也很向往很想去,但是我知道我的体力不行。我们这边会有同事他们喜欢去登山,可是我从来都没有说我要跟,为什么?我是体力不行,我才不要去受罪。

研究者:对。

受访者:他们说什么其他东西,我觉得只要是你体力你觉得可以,然后你喜欢,没有就不用去考虑那么多。我记得有一年,我带我妈妈去泰国东南亚玩。我们在泰国,PATATA 那个海滩那边。我们坐那个拖曳伞,就那个船这样跑,然后甩到天上这样子,甩上去这样子。我觉得我妈妈那时候已经七十几岁了,我们拍了照回来喔,其实都认不出哪一个、哪一张是你,因为很高嘛、很远嘛。人家在下面拍照,你知道我妈好聪明的,她跟我讲,你就看那个你坐的是什么颜色,我坐的是什么颜色,后来回来我哥哥讲:"妈年纪那么大了,你还带他去坐那个你不怕她……"我们就哈哈哈,我妈妈就说如果是很快乐地走,那也是很幸福的事情啊!

研究者:对啊!

受访者:我们是觉得不会在乎那个啊。可能比较会在乎的是说……怎么讲,就是我如果不是我个人我不会很在乎,可是我知道很多长辈,比如说他是单身,就是失婚的,或者是丧偶的,然后不敢轻易去交朋友,他们怕说别人的眼光,怕别人的眼光。

研究者:对啊,其实很多。我觉得很多老人不敢踏出去,就是因为别人。

受访者:其实有些人我们觉得说,你交一个朋友又没有关系。

研究者:对啊!

受访者:我说:"但是你就要保护自己啦,保护自己。"

研究者:对啊,这倒是真的。

受访者:保护自己啊!比如说你不要让他知道说你就是有一点钱啊,有的人跟你交往,就是想花你的钱啊。你说你偶尔请他吃个东西啊做什么,那个都没关系啊!

研究者:对啊,对啊。

受访者:但是如果他要跟你借钱,你就要提高警觉了。

研究者:对啊。

受访者:因为可能到最后你是人财两空。

研究者:因为其实到高龄这个阶段,您再不为自己活您什么时候才要为自己活?

受访者:对啊,就是我觉得,交朋友没有关系,但是不要……不要牵扯到金钱。

研究者:对。

受访者:你也不要想说交一个朋友就希望人家来照顾你,因为这个人会互相照顾,那个是要长久的感情培养。你那种那一种认识不是很久的、互相有一点点吸引的那种朋友,一旦生病了,你不要指望。不是啊,我们也一样啊。假如这个人,我们没有跟他很深厚的那种感情存在,不可能去照顾。

研究者:对啊!

受访者:要我是没办法,我是真的是没办法。所以我也从来不敢指望别人。

研究者:所以像您也不会觉得说,我们这个社会对高龄者管太多吗? 会不会觉得好像管好多的?

受访者:不是社会管很多,是我觉得有的子女管很多。

研究者:喔,子女管很多。

受访者:嗯,为什么……我知道的一个例子,我有一个朋友,他原来是什么学校教导主任。他本身有财产,有那种地啊、房地这样子,那有小孩。然后他爸爸有跟就是我那个朋友就是有认识这样一个人,他们感情很好很多年了。但是那个男方家的孩子始终不能接纳她。

研究者:真的。

受访者:重点是什么……分财产,怕财产被分了。所以我觉得,就是现在的社会比较没有管那么多,比较没有……或者啦,我们在都会区啦,比较没有说什么一定要别人讲怎样。其实你也不用在意别人讲啊。

研究者:对啊!

受访者:只要我高兴啊,对不对。

研究者:对啊。

受访者:我……我认为可以,我常常会跟我一些朋友讲,我说:"你们去做什么事情,不用去在意别人眼光,但是你要知道,任何事情你做任何事情要去想到后果,先思考某一些后果产生的时候,你能不能接受。"

研究者:对。

受访者:你愿意不愿意接受那个后果,如果你愿意的话那又怎样呢,对不对。我有一个朋友,他那个跟他家里一直都不好,然后应该是叫婚外情吧。可是在外人也许人家会觉得说他们一家好好,然后他怎样怎样,可是我们了解的人都不是这样。她这一辈子受的苦太多了啊,就算说她有心仪的对象那又怎样咧,人家现在通奸也已经要除罪化了,对吧! 所以我觉得那是属于个人的事情嘛。已经束缚她太多了。我觉得说但是……我就跟她说,她说:"问我会不会认同她啦,会不会看不起他这样。"我说:"我不会,我觉得可以。但是很多事情你要知道,也许有一天,真的会闹到事情很大条。不过你要评估说你要为了这一份感情,你要不要去接受那个后果。你不要有一种侥幸的心理说,不会不会不会,天下没有那个永远不会的。我说万一有一天……你要先思考好,万一哪一天你出了什么事情,你要如何面对。你自己先想好,你就不会措手不及。"

研究者:对。

受访者:当然不发生最好。

研究者:对啊。因为她也是需要社会支持啦,很多朋友来支持她这样。

受访者:因为最主要她是有小孩,有先生的话,这个没有关系啊。这个还比较好……好……好处理。有小孩那种小孩子,通常我就跟你讲嘛,小孩管很多嘛!

研究者:对啊,对啊。我觉得真的是……像之前我也是犯过这种错。因为我自己就是,我妈妈有在一个小菜园种菜,然后可是她辛苦一辈子,然后就觉得她这样很累,做这么累回来,就一直叫她不要弄了,可是有一天,她跟我讲她去那边很快乐,然后我就没有办法再阻止她了,因为她也是真的辛苦一辈子。

受访者:他高兴就好啦!

研究者:对啊!

受访者:人家每个人有选择自己人生的自由吧!

研究者:对啊! 我就是看她真的很认真跟我讲那一句话之后,就没有在阻止她了。

受访者:我妈以前喜欢打麻将,他有几个姊妹,就是那种从年轻就一直认识的那种结拜姊妹。他们常常在一起打麻将,那我哥哥就会常常念啊"那么多岁了,还一直打牌,要是哪一天怎么样要怎么办。"就一直讲对身体不好,后来我们想一想,干嘛一定要一定要剥夺她这一点点乐趣咧,她跟那些姊妹在一起,她一边打牌一边煮个东西吃,然后聊天这样说笑话,因为她跟我们讲不见得会那么快乐啊!

研究者:对啊!

受访者:跟他们讲很快乐啊!

研究者:对啊!

受访者:我说我说不要剥夺……另外一个朋友更好笑,她先生的应该是她婆婆啦,她婆婆啦,可能应该就是守寡很多年了嘛,空闲时她就爱玩四色牌。都是左右邻居,跟人家玩这样,玩到十一二点回来……他儿子我那朋友是她儿媳妇,所以都不敢讲话。

研究者:其实出发点是为了她好,可是都忘了她真的需要的是什么。

受访者:后来我告诉你……结果是怎样。他妈妈就搬到另外一个附近房子去住,她就说不要跟你们住在一间,跟你们住在一间行动都不自由,朋友要来找我打牌也不行,太晚回来也不行,所以儿女不知道父母要什么,很多是这样。

研究者:对啊,都等到自己犯了错才知道说。所以像您那个,我觉得我自己也犯了这样的错,可是还好我妈妈很早就告诉我,因为您真的看她回来那么累,您就会觉得干嘛一定要。

受访者:因为每个人的选择啊!

研究者:对啊,对啊,就真的是这样子。那我可不可以请问您一下,就是您觉得老是什么? 从您开始意识到老?

受访者:老了就是,第一个体力不行嘛,第二个人的外表变老了嘛,变得比较不好看了嘛,我们以前不化妆也是很漂亮,可是现在觉得好像不涂一点东西好像不太能出来一样。那还有就是行动方面……行动方面就是说我说的体力,是指说比如说你做个什么,擦个地板,好喘。以前你当然不会这样吧!

研究者:对啊,对啊!

受访者:可是还有一种,还有一种就是行动变迟缓了,还有一种东西,你吃东西吃太多了也会不舒服……那……就是很多状况啦。然后会有慢慢的,会有一些慢性疾病啊什么的……我个人是比较少,还算是健康啦,但是我觉得有很多人都有糖尿病、血压高……

研究者:那身体的退化,是没有办法只能靠运动保养。

受访者:运动当然是有好处。有的有运动的身体状况就比较好,可是有一些人,我也不知道呢,就是会有一些人身体……

研究者:会不能动,不适合动的。

受访者:我也不知道呢,反正做什么事情会觉得力不从心,还有就是说你会……第一个,你就首先,你会能够找的工作就被缩减了。你有想工作的话,工作的话不见得每个老人都有足够的那种经济能力可以生活,生活,然后你要找工作,就是找那种觉得不适合的工作,对吧! 那当然还有很多啦,朋友、对象可能都是比较老的人。

研究者:对啊!

受访者:因为我常常讲,很多去养老院的,他们很伤脑筋的就是,每天看的都是老人。

研究者:对啊!

受访者:那怎么办? 那种很多人不想去。

研究者:对啊! 因为像我知道,瑞典是这方面做得很好的国家。

受访者:我知道。

研究者:他们就是故意把养老院跟幼儿园盖在一起,然后就是让他们可以去付出,可以去帮忙照顾小孩,然后创造老人的被需求感。可是这也有一个

　　　　　　难题要突破,就是小孩的家长他要接受才可以。

受访者:在日本他们好像是说,有小孩有小学啊,那些同学到老人的地方去服务、去陪伴,让他们也理解说,人本来就会变老,然后对自己的爷爷奶奶啦,可能就会比较容易接受。

研究者:有点同理心那样子。

受访者:对啊!

研究者:那我觉得听您这样子谈过来啊,我会觉得您对衰老保持着蛮积极的态度的。

受访者:这个叫怎么积极,这个应该也是说也是不得已吧? 人变老就是每一年变老啊!

研究者:那还是您觉得说以您现在的年纪啊,那您觉得对于老化,我们应该要有什么样的态度去面对他呢?

受访者:老化,我觉得说人生呢,对于必定会来的事呢,你就是要去正向去面对,这个比较重要的。比如说当你身体还好的时候,你就要想到你能够做什么,你能够给别人什么啦,不是一定要说别人都没有照顾你啦,不要一直讲政府都没有照顾你啦。你也想说你对这个社会有没有贡献啦,也许你以前有贡献,但是那个是以前的事了,现在你也可以有一点贡献吧。那我……我所说的贡献不是说一定要为千千万万人怎样怎样,那个我觉得目标太大了。我常常跟我们学员讲,因为我之前有推贡献服务,就是说什么叫贡献服务? 不是你要一直想说譬如说我一定要去演讲要有一千人或一万人或多少人来听,对不对。不一定说不定今天来了一百人,那一百人里面,其中就有人受到你的影响,影响到整个的社会,你的贡献就很大。或者是说在你周边的人,你如果说家里面有老人,你照顾好家里面的老人,你这样子就是减少社会问题。你有一点点力量照顾左右邻居、照顾你小区的,其实所说的照顾,不是你每天要煮东西去给他吃这样,而是说你可能、你可以多跟他们维持一点那种亲切一点的那种互动,不要让他们觉得很孤单。像我们常常,我常常都会觉得跟他们讲说,我们的贡献服务,我们的目标不用订很大,我们哪怕只为一个人,我们的目标是一个人,只有一个人都可以做。比如说像一些心理咨询师,他们服务对象往往是一对一的,今天他拯救了这个人,他就做很大的事情了。

研究者:对啊,对啊。

受访者:不是一定要的,今天我一定要的,那个那个今天有一千人在那边没有饭吃,我要喂饱那一千人不是这样啦,就看每个人的能力到哪里了,尽力去做就好了。你若每个人都有所贡献,不管你大还是小,那个力量加起来就很大。所以对我来讲,我虽然觉得说,人变老也虽然是觉得怎么讲很无奈,就真的会变老也没办法。但是我觉得说,我现在的目标就是说,在我能够做什么的时候,我不要浪费我的生命,对不对?

研究者:对。

受访者:我常常想一个问题,假如说,因为我会看一些电影什么的。假如说今天呢,我就是思考一些问题,因为像年纪大了对不对,当然年轻的价值会比较高的,年轻的生命对社会的价值是比较高的,年纪大了,可能我们剩下的时间是比较短,短的时间我们可能也不能做什么多大的事情,所以我就觉得说,哪天真的发生什么事情的时候了,两个人如果一个人可以得救,我一定会让比我年轻的人,让他得救。我不知道面临那种状况我会不会退缩啦,可是我心理上我有这种准备。我觉得说,如果有一天我能够真的说呢,反正我的年纪已经很大了,只有越来越老嘛,如果有一天,我真的能够为别人付出我的……哪怕是生命,我觉得都有价值,对吧!不然你要是什么都没做的时候,有一天你也是……一样啊!

研究者:对,对。

受访者:你不可能千千万万年啊!

研究者:对啊,哇……所以我觉得高龄的意义,您想得很透彻。

受访者:自己也要思考。

研究者:对,自己要把他想清楚。所以我冒昧请问您一下,像您现在这样的生活,听您讲这么多,感觉您应该觉得您的生活过得很有意义的。

受访者:我觉是得有意义。

研究者:嗯,应该是觉得蛮有意义的对不对?

受访者:因为我觉得我有把我的时间来利用。

研究者:而且过得很好。

受访者:而且我觉得呢,因为人是这样的,我常常跟我们的伙伴讲啊,我就说,我们不管到任何团体,你在家庭也好,在一个工作职场也好,或者参加一个团体也好,你都要有所贡献。当你觉得你是有所贡献的时候,你的生命是有意义的,因为那是一种自我肯定吧!

研究者:对,就是被需求感啦,真的我觉得这个很重要。

受访者:人是这样啊!

研究者:对。

受访者:人也有贡献的需求。

研究者:对。真的其实我觉得每个人都会想要为他人付出,只是不要在乎那个是多还是少。

受访者:对。我觉得比较常见的他们是讲,我们又不会做什么,老人会跟你这样讲。

研究者:对。

受访者:所以我常常像我们之前我们有开美食课,我说我们做美食不只是美食。今天假如你做一个好吃的跟他分享一下,多快乐啊!你说你去你亲戚,朋友那边,你带一点,他也是会觉得很快乐,对不对。

研究者:对。

受访者:最重要的我们……我们……我说呢,你就把我的理念,因为我们的课程

是比较没有什么大的学问,但是我都会把我的理念传达给他们。我说:
"我的目标……我今年规划我要做什么、什么的目标,我说今年……比
如说,我之前说的过年前,我们炊糕,其实我也不太会啦,黑白乱用的。
那我就说我们炊糕,当然你们都要带一部分回去跟家里的人分享了,但
是呢! 最重要的你们帮忙做,其实大部分还是我做啦! 跟着我们的义
工做,但是我会叫他们一起来做,让他们也有参与感。当然也有一两个
他们就很卖力耶,可是有一些是不太行,那没有关系,就是你有参与到
就好了。我们就说这个是做好,我们就装盒子一盒一盒的,我说我们这
个是关怀小区独居长辈弱势的长辈,我说这是我们要去关怀他们的伴
手礼,我们就做很多一盒一盒的,做很多就这样。我说这个就是贡献,
对不对?

研究者:对啊!

受访者:哪怕你今天只有帮忙包装,我说我们都会给你肯定,我们也都自己
　　　　给……给自己肯定。

研究者:对啊!

受访者:你会感觉说,我今天很高兴,我今天都有做,有帮忙做工作。

研究者:对啊! 收到那种东西不是在于他的价值的贵重,意义真的。

受访者:心意,让人家有温暖。

研究者:对。

受访者:人家有的其实有的我们讲的独居长辈,独居长辈不见得每个都没有钱
　　　　的,有的环境也是可以的。

研究者:对啊。

受访者:他要吃什么东西,他也买得起的。

研究者:对啊。

受访者:但是他也是懒得出去买。

研究者:可是当看到亲手做的那个心意是很不一样的。

受访者:像我们做东西可能会拿去,一点点东西……老人家其实是感动的。

研究者:对啊,他们会很开心。

受访者:然后他们……你给他,所以人家讲施比受更有福。

研究者:对啊!

受访者:你看到他很高兴,你就会觉得哦,我今天有做了的,没有浪费生命啦!

研究者:且说不定您去拜访他,您会把他带出来,他就不会一直在家里面。

受访者:对,有时候他还会期待你去。

研究者:对啊,对啊。就是这样变成朋友的关系,而且像我相信,你们去会比我们去更有话题聊。

受访者:因为年龄相近。

研究者:因为生活在那个时代,经历的事情都大致相同,比较能够聊天。我觉得这个是我们没有办法去做到的地方。所以像我知道这几年推出很多去拜访独居老人的活动。

受访者:这个我们都有做啊!

研究者:对啊,对啊,这个其实也很辛苦。

受访者:是很辛苦。有时候去到老人那里,坦白讲,有时候真的不知道要跟他说什么,只能随便话家常。有时真的不知要跟他说什么,其实有时候你也不知道他真正心结在哪里。

研究者:对,而且有时候他们防卫心很重。

受访者:也不敢问太多。

研究者:对,真的很难。所以我讲说,去照顾老人其实比照顾幼儿园更辛苦,要考虑的层面更多。

受访者:没有错。

研究者:那像您接触过这么多老人,我可以跟您请问一下吗?对"老人""高龄""长者",您听到这三个词语,您会觉得会不会不舒服或是觉得……。

受访者:一般我知道都不喜欢听到老人啊,不喜欢听到老人啊!

研究者:就比较负面吗?

受访者:就觉得日暮西山啊!

研究者:好的。

受访者:你觉得老人老人,就是……就是没落嘛。不是这样吗? 你……你觉得
　　　听到老人,你会觉得很……所以我们现在有时候,不太会这样讲爷爷阿
　　　嬷这样子。哪怕他们年龄真的有一点大,顶多叫她阿姨。

研究者:对。那像对高龄者、长者就会比较多尊重这样子。听到高龄或者是长
　　　者这样子的话,因为像我自己在搜集报道的时候,我搜集三年的报纸,
　　　然后我发现,提到老人的大部分就是跟独居跟比较负面的词,可是讲到
　　　高龄者的,大部分就是办很多的活动,积极正向的,然后讲到长者的,就
　　　是会比较受尊重的这样子的。所以我才想说问问看,你们听到这些词
　　　语你们的感受,是会怎样。

受访者:如果在这几个词句的话,我觉得"高龄者"这个好像比较没有那么负面
　　　的感觉啦!

研究者:嗯,对。

受访者:高龄就是年龄啊,年龄的问题而已啊!

研究者:对啊!

受访者:像现在我们都尽量不要去叫人家老人啊!

研究者:像我上星期去访问的那位伯伯啊,其实我觉得他也是一个很正向的人。
　　　然后听到这三个词语,他也是觉得听到老人这个比较不舒服。

受访者:大家都不流行这样讲啊。

研究者:对啊,所以他们对他们称呼"资深人士"。

受访者:资深公民,对,在国外有这样的名词。

研究者:对。

受访者:我们有的称为"银发族"。

研究者:对。可是我觉得"资深人士"一定有一定的尊重的程度在里面。觉得这

个词,我很喜欢这个词的。

受访者:像我们,人家叫我们资深美少女啊!

研究者:那也不错啊,其实像啊。如果我在路上看到您,如果您没有跟我讲您六十几岁,我大概会觉得,您六十岁或五十岁左右而已,您没有到……主要是看过去的话真的看不出来。

受访者:我是1937年出生的。没有,现在的人也不太容易一眼看出来。

研究者:对啊,这倒是真的。

受访者:现在的人,真的,你几乎很难一眼看出来。

研究者:对啊,像您刚刚提了很多,就是说身体上会受到影响。

受访者:会。

研究者:像身体上的老化,会不会影响到您对老人意义的概念? 会不会影响到您对他意义的影响这样子。您会不会觉得说,一定要有健康的,才会过有意义的老年生活这样子?

受访者:不是。因为我是我哥有说,他们有时候会讲说,我就跟他说,那个生命危险,没关系。他讲什么我就跟他讲没有生命危险啦,没关系啦! 比如说他就说他高血压、糖尿病,我就跟说,那个就是你的生活跟饮食,你自己的自我约束,你还是可以过得很好啊,对吧。

研究者:本来就是。

受访者:因为你毕竟还是能够行动自如嘛! 假如已经失能了、行动不能自如了那种,我们就不敢讲什么了。因为那个真的讲……对啦!

研究者:还是会,其实在老年这个生活,在高龄这个生活,能不能够自由行动影响他的生活满意度,非常的大。

受访者:没有错。生活自理尤其那种不能自理的,真的我们很难很难去讲其他的。

研究者:因为他的苦,我们也没有办法去帮他们承受。

受访者:就是,所以我常常会这样讲呢,我就说:"以前有一段时间,我会认为,我们都是为健康的老人服务,感觉没有成就感,觉得好像他们并没有很需要我们。"你懂我意思吗?

研究者:明白。

受访者:就是说他们本来就趴趴走,他们本来就会安排生活啊,能够来到我们这里的,我觉得都很可以的啊,好像也没有那种特别需要你那种被需求的感觉啦,可是后来我慢慢的,我们也会思考一些问题啊,就是想说这是我的转念啦,如果我们照顾好这一群健康的老人,让他们健康的时间更久一点,对吧。那这样也是另外一种……一种那个需求嘛,是不是这样?

研究者:而且这样,他们可以像您这样去帮助更多的人。

受访者:所以我就跟他们讲,我说其实你们很多事情,其实你们都能做的,不要跟我讲说我年纪很大了。我记得以前我都会这样说:"我老了。"我妈妈都会问我:"你有我老吗?"

研究者:哇……我觉得听起来您妈妈很……

受访者:我妈妈脑筋很好。

研究者:很开明的。

受访者:而且我告诉你喔,我妈妈以前帮忙我照顾小孩的时候,有一段时间,我做生意嘛,很忙。她会来我家帮我照顾小孩,她要冲牛奶,她会问我要怎么泡,什么东西要怎么弄,什么东西要煮,什么东西要给小孩子。我就说:"唉呦妈妈,你小孩也生过那么多个了,你还不会吗? 你比我还厉害不是? 这个你还不会吗? 不用问我你自己处理就好了。我妈妈说:"没有,这你小孩,给你们自己决定。"

研究者:我觉得以他的年纪,能有这么开明的想法很难得。

受访者:我妈妈大我三十五岁。

研究者:真的很难得。

受访者:你看那时候讲这些话的时候,才五六十岁。

研究者:对,在那个时代已经很……

受访者:我都觉得有的老人都会告诉你,"没有,这个要怎样,怎样。我吃的盐比你什么还多这样。"

研究者:对啊,真的。哪像您接触过这么多老人啊,您会不会觉得这个社会对老人有什么歧视或是刻板印象这样子。您自己会不会感觉到有这样子。

受访者:我觉得这个关系到,关系到这个老人自己本身的表现。如果你是你是很容易相处的,不要在那边倚老卖老,你是人家尊重你,你也尊重人家的。如果说你是能够把自己打理得还好,那你有跟社会互动,我觉得人家没有什么一定会歧视你。因为他也不靠你吃饭啊,他也不需要你来做什么,别人对吧,重点就是你自己。你站在人群里面,你是展现什么样的那一种老人嘛。如果那种只是都要依赖人家,都认为别人一定要对你怎样,天下是没有那个一定的,对吧!

研究者:对,这倒是真的。因为有些人不是不尊重老年人,可是就是有一些老人太固执了,就是像您说的倚老卖老。

受访者:有一些不怎么受欢迎,是他本身有问题。我坦白这样讲啦,并不是说人家看到老人,不然说真的,几个老人在那里,他又没有影响到我,可是你又不能给人家造成负面的影响,当然人家会……会觉得不欢迎。

研究者:对啊,对啊!

受访者:如果你说大家都能够互相尊重,参加活动你也可以表现得不错,人家有什么理由一定要歧视你。

研究者:对。

受访者:我觉得比较会歧视的,应该是比如说……比如说像那一些有一些,我常常看到有些老人会比较不爱干净,人家会不想,你一上车人家不太想跟你坐在一起,身上有味道,这个你不能讲说人家歧视,这个不能叫歧视,因为你影响到人家的感觉,对吧!

研究者:对。

受访者:所以我觉得我们自己照顾好自己,不要造成别人的负担。

研究者:是的。

受访者:倒不一定会歧视你。

研究者:对,有时候真的是这样子。那像刚刚我跟您请教,是说您觉得您没有受
　　　　到规范,反正就是做您自己,想做什么就做什么。

受访者:对。

研究者:那您有没有觉得除了您以外,您有没有觉得说经历里面,哪一些老人这
　　　　个可以做哪一些不能做,您会不会有这样的感觉? 有哪些事情,像您本
　　　　身没有影响嘛,您觉得自己看自己顺眼就好了,您不受这些规范嘛。

受访者:对。

研究者:那有没有其他老人会受这些规范去影响,很多吗?

受访者:会,有的人不一定很多。现在以在都会区里面比较少,但是还是会有一
　　　　部分人会。他觉得说不好啦,人家那是年轻人的怎样怎样这样,可是我
　　　　觉得,慢慢地应该比较好一点了,因为毕竟我们生活在城市,大家耳濡
　　　　目染,一般不会有那种,乡下有可能。

研究者:对,所以比较少。像刚刚您提的说子女管最多。

受访者:因为子女他会关系到他切身的问题。

研究者:那像您的小孩会管您吗?

受访者:我们没有住一起,他也没什么好管我。因为我也没有依靠他们。第一
　　　　个他们又不用煮饭给我吃,我们各自为政的,最起码我现在目前来讲,
　　　　我没有去影响他们的生活,为什么要管?

研究者:对啊,所以他都不大管您? 您有没有曾经真的想做什么,然后他真的不
　　　　让您做?

受访者:我不需要跟他们商量的,我做任何事情,我不需要跟他们商量,是我想
　　　　不想做的问题。

研究者:对啊!

受访者:你想去玩,如果你有钱就去啊!

研究者:所以我会觉得,刚刚那些大部分都是一些比较走不出来的老人。

受访者:还有就是经济上要依赖孩子的,或者是生活上需要依赖孩子照顾的,他
们比较会在乎啦,或者是他本身,应该是说社会参与比较少。那么他的
他的精神完全是仰赖在家人那里,所以他比较在乎孩子的感觉、孩子的
说法。像我有一个也认识一个人,他是怎样……打电话,几点以后你不
要打电话给他。为什么……因为会吵到小孩,然后他在家里,打电话给
他讲话都要小小声的,他不敢讲很大声,他说小孩在睡觉,小孩在睡觉
我们能讲多大声嘛,能吵到什么? 还有就是小孩在睡觉也不能电话
铃响。

研究者:真的。

受访者:但是没办法,她就是她没有办法放下小孩。

研究者:对,这倒是…天下父母心。

受访者:这个就会受小孩影响啊!

研究者:对啊!

受访者:我也觉得很奇怪耶,我说不然你不会自己出来住。

研究者:她可能没有那个勇气吧!

受访者:不知道。

研究者:是的。我可以请您告诉我,说您觉得您的高龄生活您要怎么去定义他
吗? 您自己觉得您的高龄生活您可以怎么去形容他。做自己吗? 因为
我刚听您,觉得您是个很独立自主的女性,然后我觉得做您自己。

受访者:第一个是做自己嘛,还有一个就是寻求平衡点。

研究者:平衡点,可以。

受访者:我觉得这个平衡点很重要。

研究者:身心的平衡点吗?

受访者:各方面。比如说跟家人相处的平衡点,像我先生也是不太容易相处的

238

人,但是我尽量不会去跟他有冲突嘛,就是你有那个平衡点啦。比如说我天天都出来嘛,像我上个星期,星期一到星期六通通都不在家,每天都不在家,晚上都有回去啦,会煮个饭这样子。我早餐有煮、晚餐会有煮,中餐我通常大多是出来在外面。那星期一到星期六通通都不在,那星期天有人邀我去吃饭我就没去,我就说不行,不行。我说我这个星期已经忙六天了,他说:"你今天星期日你还要忙喔?"我说:"没有,闲闲的。"他说:"那闲闲的,就出来吃饭啦。"我就跟他说:"不行。今天要贤慧一点。"

研究者:我觉得这个很重要,寻求各方……这是我第一次听到。

受访者:你如果说,如果说你不能够有一个平衡,那家里气氛会不太好,就算他不能把你怎样啦,那心情也不好,脸都臭臭的。

研究者:我觉得这个很重要,这个是我研究老人这么久以来第一次听到,让我触发了另外一种不同的想法,这个真的很重要。那您觉得以您现在的生活啊,高龄的生活啊,成功吗? 您满意现在的生活吗?

受访者:基本上是满意的。

研究者:满意的。

受访者:对,因为我觉得说,我做什么事情都好像,做什么事情都蛮顺利的。然后来这边,当然就是说有一个地方安置我的身心灵啦,因为你想要当义工也不好意思啊,人家也不见得……不见得。我有时候都跟他们说,不是你想当义工,有时候想做不用钱的工作人家就一定欢迎你喔。你还要看你能不能帮人家做什么喔,有的人只是想来……觉得说……当义工,好我也来做义工这样,其实他并没有真心真心从心里想说,不受限我能够做,我能够配合人家的,有的不是。他是要你配合他。既然我要做了,因为这也是一种展现能力的地方嘛。你如果你要去找工作,人家不一定会采用你啊,很多条件嘛。

研究者:对。

受访者:那……当义工,基本上,只要你是真心想要做事,然后你愿意配合人家,基本上你都可以得到发挥。我常常会这样讲啊,我说你你不要想说你给人家做义工人家就很高兴,不是这样,人家也要看你表现好还是不好,跟你的配合度。我说一个人的能力不是最重要的,最重要是配合度,对不对?

研究者:对啊。

受访者:配合度不好,人家说你难相处啊,就没办法跟你共同去做那件事啊。

研究者:对啊,这倒是真的。像我上星期那个伯伯啊,他也是去做义工。然后就规定他一年要做几次,如果没有到达就把您除名,就是有一定的规范要配合人家。

受访者:一定的。

研究者:对啊,像这样子我觉得比较合理啦,就是说人家有人家的制度。可是我觉得像听完您的,跟听完那个伯伯的,我觉得大家对义工这个字啊,这个词啊应该要重新去反省一下。因为义工不是像大家印象中的就是打发时间,其实真的不是这样子。

受访者:有的人是这样想啊!

研究者:可是我听您跟他的我觉得你们两位的真心在付出这个东西。

受访者:因为你……你想做义工,做得让人家受人家欢迎啊,你就是一定要付出呀!

研究者:对。

受访者:而且你要配合人家的。比如说人家的目标、人家的规范、人家的什么嘛。不是说我今天给你做不用钱的怎样。你如果那样的想法你就回家,对不对。

研究者:对,这倒是真的。

受访者:所以我们有一些长辈,有时候我看他们能力还不错的,当然有一些人真的讲不适合出来服务别人啦!

240

研究者:也是有啦!

受访者:我就跟他说,你就出来给我们服务就好了。我说你要了解,我们做义工,要给别人服务,也要有人给我们服务。

研究者:对啊,对啊!

受访者:你给我们服务,也是给我们恩惠。

研究者:我觉得您真的好厉害,会从另种角度讲。

受访者:不是啊,我说。我就常常跟我们义工讲啊,就是这些义工,我们大家都在一起很多年了啦,也是给他们这个心理建设给他们讲。其实啊,你不要想我给人家服务没钱的又做的这么累,你要了解。有人给你服务你要觉得很感谢。假如我们这里都没有人给你服务,人家需要你来当义工吗?

研究者:就不需要啦!

受访者:对啊,你今天要教人家要做什么,学员都不要来报名,你班开得起来吗?对吧?

研究者:我觉得这个是蛮不错的。

受访者:没有啊,就是基本上就是这样啊!

研究者:对啊,对啊。

受访者:要不然你真的讲,人家学员不欢迎你,人家愿意来让你服务,那种互动他很快乐你也很快乐啊,不是这样吗?

研究者:对啊,这个倒是真的,对。

受访者:所以那是我努力的目标。

研究者:所以我觉得真的是,听您刚那样讲完,我觉得我做这个研究是正确的,您知道吗。因为不能够只是我们来讲,年轻人去讲说高龄者应该怎么样,可是其实都没有人去听他们的声音,对不对。像您刚提的,您的整个自信的态度,整个走过退休的那个……其实这个才是可以给我们很大分享的地方。因为我们根本还没有走到那个时候,根本还不知道。

受访者:因为你们还没老。

研究者:我……其实我年纪蛮大了。

受访者:没有,没有,没有。你其实算是很年轻的了。

研究者:所以我会觉得真的这样听一听,我会觉得我自己受惠很大。

受访者:其实我觉得,不管是我们还是你们啦,我们是已经走出来了。

研究者:对。

受访者:er~你们是更重要的,就是说高龄者,我觉得说,要让他们、鼓励他们就是说,让他们能够发挥他们的能力,因为如果他们能够发挥他们的能力的话,那他们的日子会过得比较积极,就不会想说等吃饭、等睡觉、等死这样……不是很多人这样讲吗?

研究者:我第一次听到。

受访者:有啊,有人这样讲啊!

研究者:真的。

受访者:就是说,我们常常就这样讲了,让老人,高龄者啦,我们是觉得说,我们希望,我们可以做他们的榜样啦! 就是说我们这样做,我们生活过得很快乐、很积极。那他看到你这样,他觉得他也可以……而且有时候你看到,你会看到前面没有人走过,你会不敢走过去。

研究者:对。

受访者:但是如果人家都要这样走,可以啊。他做得很那个,这个很容易达到,他们也愿意做。

研究者:而且不会对步入高龄的生活很害怕。

受访者:不会那么怕。

研究者:对。

受访者:你要觉得如果你天天都有事情做,然后你天天能够……发挥你的能力,然后你都能够为别人服务,你有一个崇高的那个目标,人生就是要有一个目标嘛。我觉得说我的目标就是这样,我能够做,看到大家都很高兴,像我跟你讲,我其实我觉得我最高兴的,倒不在于说我自己怎样……我自己我认为说,我有付出我有很努力,我努力地生活,我自然我可以预见到我能够得到什么。最起码得到别人肯定嘛,你自己也肯定自己啊!

研究者:对。

受访者:比较更重要的一点我觉得说,像我们来这里,我们就看到很多长辈,其实他们年龄并没有比我大,上上下下这样而已。一开始刚来上课的时候,"这真的学得会吗?""这马上学马上忘记了",我就说:"忘记有什么关系,你现在又不是在做生产线啊,你做好玩的而已啊。"然后……他来做……刚开始是觉得对自己没自信,做到最后,做得漂亮的时候,他自己会放在那边左边看、右边看,然后一直拍照,一直传给人家,他很快乐啊。然后会做很多东西去送给人家,我做我会规划材料,尽量都缩很省,因为我不想造成老人家太大的负担。

研究者:对啊,对啊!

受访者:因为有些,不一定每个人都很有钱嘛,我希望说他们能够花少少的钱,一方面打发时间,一方面刺激脑力,然后跟朋友有互动这样子。你帮他们想说要省钱,他现在会做了,就叫你帮他买东西,买很多他要做要送人。

研究者:真的。

受访者:像做那个菠萝,有一个人做两三百颗,你要相信吗?

研究者:真的。

受访者:做那小小的菠萝。

研究者:就送给人家这样子?

受访者:有一个更好笑。我们教他勾帽子,他说他住在眷区里面。到去年,到去年他跟我说他已经做了七八十顶了。

研究者:真的。

受访者:伯伯啊,什么什么的。他是不是他得到很快乐。

研究者:分享的快乐。

受访者:所以我就常常讲啊,他们的最快乐,就是他们第一个的东西是他们常常
去分享。还有一个最好笑的就是……他们原来是一个星期来一次,现
在有的同学,星期一到星期五通通来,他就选不同的活动、不同的课这
样子。有的早上来下午还没回去哦,中午就去对面买便当吃。

研究者:是哦。

受访者:然后你看到他们,这个不是我们说我们在那边讲……讲……苛求的事
情。你看到他们,你真的会觉得他们变得很快乐。玉婵老师怎样怎样,
很远就叫你。去第二市场遇到喊很大声这样,那你就会感觉他变活
泼了。

研究者:对。

受访者:变快乐了,生活比较积极,生命这样就好了,生命就是这样就可以了。

研究者:对啊,对啊!

受访者:嘿呀,我们不要奢求太高。

研究者:对啊,我觉得这真的是……我觉得您现在的生活过得很热闹。我感觉
上……对啊!

受访者:他们都会开我玩笑说,"我是不是天天来啊",就说每天都在这。

研究者:可是其实我听您这样讲,我感觉您好像会天天来。

受访者:大部分啦,有时候会天天来,有时候也要在家,比较贤慧的时候。

研究者:可是就是会觉得,您会为这个地方,就是很开心为这个地方付出这
样子。

受访者:没有,就是觉得这个地方蛮温暖的。

研究者:对啊。

受访者:有时候我会自我讲,说:"我要感谢小梅帮助我",对吧!一个人能够到
一个适合的地方……不容易了。

244

研究者:我刚一走进来这边,我觉得这边很温馨,像一个家。

受访者:我们都尽量要营造那个温馨的……那个。

研究者:就觉得走进来的感觉不大一样。

受访者:所以我常常会要求那些义工,我说重点……人走进来,你一定要先跟他打招呼,尽量……尽量……最起码早上看到他…"早啊!",就是要先跟他打招呼,这样子的,让他有种亲切感。

研究者:对啊,就是营造家的感觉会让人感觉很舒服。

受访者:所以大家觉得我们这边还不错。

研究者:对啊!

受访者:以后你老了,也可以来这里上课。

研究者:好啊,好啊。可是我可能才能没您那么多,真的……我觉得我也是希望,我会做这,我也是希望把我自己老年生活……

研究者:因为做研究的关系,比较会到处跑这样子。可能做这样子的研究,也让我早一点有心理准备,所以也关心这样子的议题啦!

受访者:老人议题真的是非常重要的议题。因为我们希望说,如果大家老年都可以过得很积极、很快乐的,那最起码可能医疗方面啦,或什么都可以有一点帮助吧,比较省一点啦!

研究者:而且像你们这样子比较好,其实很多老人是心理影响生理。

受访者:对。

研究者:您看他心里开心之后,其实他很多病痛,不需要吃那么多药。

受访者:我们昨天有一个义工,因为我们昨天有课,那个义工来,他前一天去外面,好像去爬山,今天一来精神很萎靡。但是我们今天一来,我们就跟他说,我们要做什么、要做什么、要做什么,马上去准备怎样,课程开始之前我们都要先去预备,流程我要先跟他们说一遍,像这样他们才能一起把事情做好。结果到最后拍照的时候,大家拍得很高兴,他已经忘记了。

研究者:他生病了,对啊,其实西药再怎么讲,也是不好的东西真的。

受访者:其实有时候你会想到,我好像这里有一点痛痛的,刚刚静下来就觉得那个腰在痛了。

研究者:对。

受访者:可是我在忙的时候,我就会忘记。

研究者:而且他真的心理会影响身里很大。

受访者:会。所以我们常常说,老人如果说他能够,可以很积极地面对生命,那可以过得好,然后每天这样子,他有他每天的事情做,每天有规律地生活啦!

研究者:对啊!

受访者:对他的健康是有帮助的。我觉得这就是你们的责任,就是你们的责任啦。因为你们现在参与这一块的话,就需要你们贡献。

研究者:我会希望帮老人做一些事情,这个是我做这个的想法。

受访者:非常感谢。

研究者:没有,谢谢您让我有这个机会,我觉得大家都说很严重,可是大家都没有去找到问题,所以我觉得应该真的要听听看老年人的需求是什么,这些长者的需求是什么。不是我们一直跟他们讲,没有多少钱不能过什么生活。

受访者:要那个什么几千万才能够退休。

研究者:对,对,对。

受访者:我说莫名其妙。

研究者:对对对,就听到这个您说叫年轻人……

受访者:我们家从来也没有几千万。

研究者:对啊,我觉得不应该是这样子的观念来主导这样子的生活。

受访者:然后这样,反正都是讲那些……很……很……就不是庶民生活啦!

研究者:对,对,对,然后讲的都不是真的老年人,其实老年人不需要到几千万,就像您讲的降低……

受访者:降低欲望啊,对不对。

研究者:对。

受访者:连我儿子都认同了啊!

研究者:对啊,所以说我觉得最近让我看到的这真的是一个很奇怪的状况。

受访者:像我们的课程,我一个一节课,美食喔一个人都不到 50 元,还可以有一些吃的可以给他们带回去。

研究者:对啊!

受访者:我就说:"他们都说老师你这样不会亏钱吗?"我说:"不会啦"。我还说:"我当然不会亏钱,当然我家里有的东西,我就拿来用了嘛,那其他我要买材料,当然就是一定是要收材料费。"可是我是希望说,花少少钱、简单、很容易做,因为太困难老人家没耐性,然后我就:"说那个东西健康,一个健康、一个卫生,然后很简单做,然后你那些材料很容易取得,不用说一定要去买什么、买什么。"

研究者:对啊!

受访者:然后他们就随便就可以做成功,多高兴啊!

研究者:对啊。这样他们有成就感啊。

受访者:花个四五十块,一次他们花得起。

研究者:对啊!

受访者:老人家的那种经济能力,你要考虑一下。

研究者:对啊,对啊,对啊。那阿姨我可不可最后再问您一个问题,就是……我想要把您的……在我的论文里面呈现。您的高龄的意义就是很积极的生命、做自己的自信,那您这些因素啊……是我觉得……跟您的人生经历有没有很大的关系,是不是因为您之前的经历让您说……还是因为突然退休那段时间有的想法,跟前面人生的经历没有什么关系。

受访者:我觉得当然是有关系啊! 我从来就不是窝在家里的人啊!

研究者:对,我知道。我的意思是说,因为您现在过得这么好……。

受访者:你是说有什么…为…什么会有这样的转变?

研究者:对,或者是说,有没有一些突发的事情,让您有这样子的转变,让您可以体会到高龄的意义?

受访者:我觉得我没有什么突发的事情。

研究者:没有吗?

受访者:我只是……只是我个人的人生观,我觉得说要积极面对生活,要参与社会,不要跟社会脱节啦,然后自己能为别人做什么比较重要,不要一直要求别人为你做什么。所以我来这里就是当义工、当老师,我很多时候我是当义工老师……了解我的意思吗?

研究者:我知道,就是义工的老师。

受访者:义工老师,我们还有我们的义工,我们还是会给他们一点……就是……互相研究啦,然后让大家把事情做得更好。应该这样讲,也因为这么多年来,我都是一本初衷,很多地方找我去当义工我都没有去。那我就觉得说,来这里,我觉得这个环境我觉得可以,在这里我觉得我也能够发挥,长官也是能够认同我,然后他们也给我很多机会栽培我,然后让我去参加很多训练啊、训练课程,就这样子。我觉得说我能够让自己更得心应手,做事情更有自信啦。要不然讲真的,我们那个年代没有读什么书,你说你光会做东西,你也是要有一些其他的衡量。比如说你要做吃的,你也是要考虑说,这个东西的营养价值啊,或者是对老人家消化好不好,这些都是必要的一定要考虑的。

研究者:对,对。

受访者:会不会对身体造成负面的。我就讲一个,一个是健康跟美味的平衡点,我要给他们这个观念。美味大家都追求啊,但是你一定要有健康的前提,纵然没有那种养生的观念,最起码不要对身体造成负面的负担啊,就这样……。所以我觉得说,因为一直在这里我一直……那个……长官他们对我也算是……很那个……很那…个…也相对给我很多的机会,去参加外面的培训或什么进修啦,等于这样讲,那慢慢地,你充实自己,那你也应该我的想法里面,我要……不要说传承啦,这个有点沉重。就是说今天长官照顾我们,我们也要照顾别人,让他们大家能更有能量来做这些事情,那这样子,你就觉得说,我这样子的生命是有意义的,就是这样,这是最重要的事。

研究者:谢谢阿姨,谢谢阿姨。

受访者:我们互相勉励,互相勉励,希望以后你也能把时间给别人。我觉得是这样,人家给我们好处,我们不一定只能得到在自己身上。我们主任、长官对我都很好,给我机会栽培我,不然人家为何不栽培年轻的,可以用的时间比较久。他能够这样栽培你,相同的,不是说我要怎么去回报他,我觉得我最可以给他的回报,我要给他多大多大的感谢,我帮他做很多其他的事情,那我也帮忙照顾其他新来的义工,我觉得这也是一种回报啊,对不对。你做这个事情,怎么讲,也是一种使命感啦,真的。我觉得人要有使命感,我觉得我一定要怎样怎样,那就是目标。这个社会很不公平,对啊,我们光讲不公平,没有用啊,你要有办法去改变他,不过现在研究老人,讲真的,是一个很正确的路,对吧! 孩子越生越少,除非你要提出生育率如何提升,但是那要主政者有政策出来呀,你要去提升,有牛肉出来,人家才会想来呀。你如果说这个,我们讲最简单的啦,你如果说今天能够,孩子的教育有什么……那个政府来负责,大家就比较敢生了,对不对?

研究者:法国是妈妈在家照顾小孩,政府付她薪水。

受访者:对啊,可是我们没有呀。跟你说很好笑,生一个小孩,才几万块而已,那个所得税的扣缴额才多少而已,养小孩才花那些钱而已吗? 当你觉得说生育会影响国家发展的时候,影响到整个社会的生产力,你要用这样的问题来面对吗? 对不对? 不敢生呀!

研究者:如同高龄者的问题,大家都没有办法去看到最底层的东西。

受访者:就是大家要去重视啦!有人重视的话,有啦,慢慢的,我在想,大家这样
　　　　子大声疾呼,高龄社会怎样怎样,老人的问题非单单经济方面,其实很
　　　　多方面,精神方面、心理方面。我们现在来说是医疗方面还算可以,因
　　　　为我们有公费医疗的关系,其他的……现在是个功利的社会,才会只从
　　　　经济来看,有钱,有钱就可以了,其实有钱人,有钱人很多也是活不
　　　　下去。